煤矿机电设备管理与维护技术研究

陈廷理　著

中国原子能出版社

图书在版编目 (CIP) 数据

煤矿机电设备管理与维护技术研究 / 陈廷理著 . -- 北京 :

中国原子能出版社 , 2018.12 （2021.9 重印）

ISBN 978-7-5022-9594-3

Ⅰ . ①煤… Ⅱ . ①陈… Ⅲ . ①煤矿－机电设备－设备管理②煤矿－机电设备－维修 Ⅳ . ① TD6

中国版本图书馆 CIP 数据核字 (2018) 第 290308 号

煤矿机电设备管理与维护技术研究

出版发行 中国原子能出版社（北京市海淀区阜成路 43 号 100048）

责任编辑 胡晓彤

责任印刷 潘玉玲

印　　刷 三河市南阳印刷有限公司

经　　销 全国新华书店

开　　本 787 毫米 × 1092 毫米　1/16

印　　张 15.625

字　　数 250 千字

版　　次 2018 年 12 月第 1 版

印　　次 2021 年 9 月第 2 次印刷

标准书号 ISBN 978-7-5022-9594-3

定　　价 78.00 元

网址 :http//www.aep.com.cn　　E-mail:atomep123@126.com

发行电话 :010 68452845

作者简介

陈廷理，男，汉族，1962年12月生，山西省朔州市朔城区人，1983年7月参加工作，1985年4月加入中国共产党，全日制硕士学位，研究生学历。现任大同煤矿集团白洞煤业公司高级工程师，研究方向是机电技术及管理。先后在大同市青磁窑煤矿、大同市地方煤炭集团有限责任公司、大同煤矿集团大斗沟煤业有限公司、大同煤矿集团圣厚源煤业有限公司、大同煤矿集团白洞煤业公司任职。从事煤矿技术及管理工作近三十年，在煤矿机电设备管理与维修方面有较深入的研究，先后有十余篇论文发表于国家级、省部级学术期刊，其中《大采高综放开采工作面供电系统关键装备研制》发表于《煤炭科学研究》,《浅析煤矿机电事故发生的原因及预防措施》《大煤公司南井副井提升钢丝绳的选择计算》《矿井高压干线电源电缆理论设计与实际铺供的分析》等论文获得山西省煤炭学会优秀学术论文一等奖。同时，还获得了多项科技成果奖，特别是主持完成的《风压式钢丝绳喷油装置》项目，获中国国家知识产权局颁发的实用新型专利。多年来，先后获得山西省人民政府、大同市人民政府、大同煤矿集团公司科技奖等荣誉称号。

前言

现阶段煤炭开采，完全依靠各种各样的机电设备来完成。开采煤炭所需的机电设备多种多样、技术性高、结构复杂、自动化程度较高，在工人操作时，需要严格按照煤矿安全技术操作规程执行，并且煤炭开采的各个环节联系紧密，一个环节出现问题或故障，可能会导致整个生产过程的中断、停顿，甚至造成一个事故的发生。根据有关数据分析统计，每年矿山发生的安全事故中，因为机电设备故障而发生的事故占矿山总事故的百分之六十。机电设备存在故障，不仅影响矿山的生产运行，而且可能对矿工造成人身安全隐患。尤其是煤炭井工矿企业，如果井下通风机电设备出现故障，不能运行，就会出现井下通风不良现象，有毒有害气体大量集聚，威胁到采矿工人的生命安全。所以机电设备管理水平不断提升，并保持机电设备良好的运行状态，是煤炭企业稳定运行的先决条件。煤炭企业生产不规范，大部分原因是因为机电设备管理上存在问题导致的。但是煤炭企业生产，离不开大型的机电设备，更离不开现代化水平较高的机电设备，而且有些机电设备需要从国外引进，由此突出了机电设备管理工作的重要性。在煤炭企业的安全生产运行中，消耗、产量、质量和成本严重受机电设备状况的影响，而且机电设备技术性能的不断提高，机电设备的投资越来越多，与机电设备相关的维修费、税金、折旧费在成本中占有的比重也逐渐增多。同时，机电设备的使用年限到期后，需进行报废，并进行更新换代。现代化技术水平的不断提高，机电设备技术性能的不断增强以及新产品的快速出现导致了现有在用机电设备被快速淘汰。所以，提高机电设备管理水平，对于煤炭企业的成本控制、安全和经济效益具有重要意义。

在当前企业飞速发展的大背景下，机电设备正朝着专业化、大型化、自动化方向发展，且随着机电设备自动化程度的快速升级，机电设备管理的重要性更加突出。由于机电设备是企业重要的固定资产，因此机电设备管理与维护质量的优劣，将直接影响企业能否实现效益目标的实现。从我国企业的机电设备管理实际情况来看，大都存在着维护手段不到位、安全管理不到位、管理方法滞后等问题，导致了机电设备经常性地带病作业或超负荷作业，给生产埋下了安全隐患，同时使得机电设备的使用寿命缩短，给企业的发展造成了掣肘。因此，煤炭生产企业需提高机电设备的安全性和稳定性，强化机电设备全方位管理，建立科学、合理的机电设备管理体制，来实现煤炭生产经济效益最大化的目的。

序

随着社会的不断进步和科技的飞速发展，机电设备在煤矿安全生产中占据着越来越重要的地位，贯穿于矿井生产的各个环节，遍布于井上井下各个生产角落，涉及范围广，技术性强。同时，由于煤矿生产条件和生产环节的复杂性，给机电设备管理工作提出了新的课题，传统的机电设备管理方法已不适应当前形势的发展。因此，大力加强机电设备管理工作，制定行之有效的管理办法，提高管理水平，具有十分重要的意义。《煤矿机电设备管理与维护技术研究》一书，是作者根据煤矿机电设备管理与维修技术这一典型工作任务对现代知识和技能的需要，结合作者长期从事煤矿机电管理的实践与研究，以企业基层管理与技术人员岗位工作过程的工作顺序和所需知识的深度及广度来组织编写。全书共分六大章二十二小节，内容包括：煤矿机电设备的资产管理，煤矿机电设备的安装使用、维护与润滑管理，煤矿机电设备的安全运行管理，煤矿机电设备的检修管理，煤矿机电设备的改造与更新，煤矿机电设备的安全管理等章节。每一章节中包含有多个工作任务，每一工作任务设有“相关知识”“任务描述”“任务分析”“任务实施”等，主要针对煤炭生产企业基层技术及管理人员能力需求来确定，内容突出了管理理论与管理实践的联系以及管理理论的实践操作性，力求能够给煤矿企业机电管理人员和机电技术人员在实践中提供借鉴和帮助。但由于作者水平能力有限，在编写过程中存在一些不足和差距，请多包涵。

陈廷理

2017 年 11 月 20 日

目 录

第一章 设备资产管理

第一节 概述

设备资产管理是企业固定资产管理的重要组成部分，是以属于固定资产的机械及动力设备为研究对象，追求设备综合效率与寿命周期费用的经济性，应用一系列理论、方法，通过技术、经济、组织措施，对设备的物质运动和价值运动进行全过程的科学管理。

一、设备资产管理的主要任务和内容

设备资产管理的主要任务为掌握设备的动态和现状，及时、正确地登记好资产卡片；按规定正确地计算折旧费和修理费，以保证设备的更新和改造资金；充分利用设备，减少闲置，提高设备的投资效益；最终达到设备寿命周期最长、最经济、综合效率最高的目的。

设备资产管理的基本内容包括设备的分类与编号，账卡、图牌板管理，设备档案管理，移动设备管理，封存与闲置设备的处理，设备的租赁管理等。

二、设备资产管理部门的分工与职责

设备资产管理是企业设备管理的一项基础工作，不仅是设备管理部门的主要任务，还涉及企业的财务部门、设备使用单位及其他有关部门。因此，要做好设备资产管理工作，在各有关部门同心协力的基础上，必须进行明确的分工，建立相应的责任制。一般情况下，设备管理部门主要负责设备资产的验收、保管、编

号、移装、调拨、出租、清查盘点、报废清理、更新等管理工作；使用单位主要负责设备资产的正确使用、妥善保管、精心维护及检修，并对设备资产保持完好和有效利用负直接责任；财会部门主要负责组织制定资产管理的责任制度和相应的凭证审查手续，协助各部门、各单位做好固定资产的核算工作。

第二节　工矿企业的资产管理

我国《企业会计准则》指出："资产是企业拥有或者控制的能以货币计量的经济资源，是以资金的物质表现形式反映资金存在的状况。"资产具有的特征为：由企业实际支配，作用于企业生产经营活动中，提高企业的经济效益，具有不同的物质形态。

资产可依据不同的标准分类：按流动性质分，可分为流动资产、长期投资、固定资产、无形资产、递延资产、市场倍增资产和其他资产；按货币性质分，可分为货币资产和非货币资产；按实物形态分，可分为有形资产和无形资产。

一、流动资产管理

流动资产是指可以在一年或超过一年的一个营业周期内变现或者耗用的资产，包括现金及各种存款、短期投资、应收及预付款项、存货等。流动资产具有三个主要特征：使用年限较短、单位价值较低、在使用过程中改变原有物质形态。

要正确进行流动资产管理，首先必须明确流动资产的概念，正确区分流动资产与固定资产。在实际工作中，应根据具体情况加以划分。例如，某种固定资产的剩余使用年限不到一年，但也不能算作流动资产。又如，某库存商品或库存材料等存货，为了储备需要，虽然存货期在一年以上，但也不应作为固定资产，只能作为流动资产。所以，要将资产的性质和使用时间等因素综合起来加以分析确定。

二、固定资产管理

企业的固定资产是企业资产的主要构成项目，是企业固定资金的实物形态，在企业总资产中占有较大的比重，对生产经营起着举足轻重的作用。因此，首先要了解固定资产。

固定资产是指企业使用期较长、单位价值较高，并且在使用过程中保持原有物质形态的资产。它应具有以下特征：一是使用期限超过规定的期限，一般在一年以上的建筑物、机器设备、工具等应作为固定资产；不属于生产经营的主要物品，单位价值在 2000 元以上，并且使用期限超过两年的也应作为固定资产；凡不符合上述条件的作为低值易耗品，其购置费摊入企业生产成本。二是使用寿命是有限的（土地除外），需要合理估计，以便确定分次转移的价值。三是用于企业的生产经营活动，以经营为目的。

《煤炭工业企业设备管理规程》规定，煤电钻等 12 种小型设备不作为固定资产，但视同设备管理资产。

（一）固定资产的分类与结构

企业固定资产种类繁多，为了加强管理，便于组织核算，必须进行科学的分类。

1. 按固定资产的经济用途分类，可分为经营用固定资产和非经营用固定资产。经营用固定资产是指直接参与、服务于企业生产、经营过程的各种固定资产。非经营用固定资产是指不直接服务于生产、经营过程的各种固定资产。这种分类可以反映企业经营用固定资产和非经营用固定资产之间的组成和变化情况，促使企业合理地配备固定资产，提高投资效益。

2. 按固定资产的使用情况分类，可分为在用固定资产、未使用固定资产、不需用固定资产和出租固定资产四类。这种分类可以分析固定资产的利用程度，提高固定资产的利用率。

3. 按固定资产的综合分类，可分为生产经营用固定资产、非生产经营用固定资产、出租固定资产、融资租入固定资产、未使用固定资产、不需用固定资产和土地七大类。

4. 按固定资产的结构、特征及性能还可将固定资产分为房屋、建筑物、机械动力设备、传导设备、运输设备、贵重仪器、管理用具及其他。

按上述固定资产的分类，用固定资产原值计算各类固定资产占全部固定资产的比重或各类固定资产之间相互比例就形成了企业固定资产结构。

（二）固定资产的价值

准确确定固定资产价值，不仅是固定资产管理和核算的需要，也关系着企业收入与费用的配比。在固定资产的核算中，一般采用的计价标准有原始价值、净值、重置完全价值、残值与净残值及增值等。

1. 原始价值。原始价值又称为原值，是指企业在建造、购置或以其他方式取得、寻求某项固定资产达到可使用状态前所发生的全部支出。固定资产的来源渠道不同，其原始价值的组成也不同，一般应包括建筑费、购置费和安装费等固定资产的原值是计提折旧的依据。由于企业固定资产的来源不同，其原始价值的确定办法也不完全相同。从取得固定资产的方式来看，有购入、借款购置、接受捐赠和融资租入等多种方式。下面分这几种情况进行说明：

（1）购入固定资产是取得固定资产的一种方式。购入的固定资产同样也要遵循历史成本原则，按实际成本入账，记入固定资产的原值。

（2）借款购置的固定资产计价有利息费用的问题。为购置固定资产的借款利息支出和有关费用，以及外币借款的折算差额，在固定资产尚未办理竣工决算之前发生的，应当计入固定资产价值，在这之后发生的，应当计入当期损益。

（3）接受捐赠的固定资产的计价，所取得的固定资产应按照同类资产的市场价格和新旧程度估价入账，即采用重置价值标准，或者根据捐赠者所提供的有关凭据确定固定资产的价值。接受捐赠固定资产时发生的各项费用应当计入固定资产价值。

（4）融资租入的固定资产的计价租赁费中包括了设备的价款、手续费、价款利息等。为此，融资租入的固定资产按租赁协议确定的设备价款、运输费、安装调试费等支出计账。

2. 净值。固定资产净值是指固定资产原始价值或重置完全价值减去累计折旧后的余额。固定资产净值可以反映企业实际占用固定资产的数额和企业技术装备水平。固定资产净值主要用于计算盘盈、盘亏、毁损固定资产的溢余或损失及计算固定资产新度系数等。

3. 重置完全价值。重置完全价值又称为现实重量成本，是指在当时的生产技术条件下，重新购置同样固定资产所需的全部支出。它主要用于清查财产中确定盘盈固定资产价值或根据国家规定对企业固定资产价值进行评估时用来调整原账面的价值。

4. 残值与净残值。残值是指固定资产报废时的残体价值，即报废时拆除后余留的材料、零部件或残体的价值。净残值是指残值减去治理费用后的余额。现行财务制度规定，各类固定资产的净残值比例按固定资产原值的 5% 以内确定。

5. 增值。增值是指在原有固定资产的基础上进行改建、扩建或技术改造后增加的固定资产价值。增值额为由于改建、扩建或技术改造而支付的费用减去过程中发生的变价收入。

（三）固定资产折旧

固定资产折旧是指固定资产在使用过程中由于损耗而转移到产品成本或经营费用里的那部分价值。其目的在于将固定资产的取得成本按合理而系统的方式，在它的估计有效使用期间内进行摊配。固定资产的损耗分为有形损耗和无形损耗两种，有形损耗是指固定资产在生产中使用和自然力的影响而发生的在使用价值和价值上的损失；无形损耗是指由于技术的不断进步，高效能生产工具的出现和推广，从而使原有生产工具的效能相对降低而引起的损失。因此，在固定资产折旧中不仅要考虑它的有形损耗，而且要适当考虑它的无形损耗。

1. 计算提取折旧的意义。折旧是为了补偿固定资产的价值损耗，折旧资金为固定资产的更新、技术改造、促进技术进步提供资金保证。正确计算提取折旧可以真实反映产品成本和企业利润，有利于科学评价企业的经营成果，可为社会总产品中合理划分补偿基金和国民收入提供依据，有利于安排国民收入中积累和消费的比例关系。

2. 确定设备折旧年限的一般原则如下：

（1）统计历年来报废的各类设备的平均使用年限，作为确定设备折旧年限的参考依据。

（2）设备制造业采用新技术进行产品换型的周期，也是确定折旧年限的重要参考值之一。目前，工业发达国家设备折旧年限一般为8~l2年，我国一般按15~20年。

（3）对于精密、大型、重型、稀有的设备，出于其价值高而一般利用率较低，且维护保养较好，故折旧年限应大于一般通用设备；对于铸造、锻造及热加工设备，其折旧年限应比冷加工设备短些；对于产品更新换代较快的设备，其折旧年限要短，应与产品换型相适应。

（4）设备生产负荷的高低、工作环境条件的好坏，也影响设备使用年限。实行单项折旧时，应考虑这一因素。

3. 影响折旧的因素。影响折旧的因素主要有以下三个方面：第一是折旧基数一般为取得固定资产时的原始成本；第二是固定资产净残值，即固定资产报废时预计可回收的残余价值扣除预计清理费用后的余额，一般低于固定资产价值的5%；第三是固定资产的使用年限，也就是提取折旧的年限。

4. 计算折旧的方法。计算折旧的方法有直线法、工作量法、双倍余额递减法等。由于折旧计算方法的选择直接影响到企业成本、费用的计算，因此，对折旧计算方法的选用，国家历来有比较严格的规定。

为了鼓励企业采用新技术，加快科学技术向生产力转化，增强企业后劲，允许某些企业经国家批准采用加速折旧法。

（1）直线法。这种方法是在设备的使用年限内，平均分摊设备的价值。计算公式为：

年折旧率 =（1 －预计净残值率）÷ 规定的总工作量

月折旧率 = 年折旧率 ÷12

月折旧额 = 固定资产原值 × 月折旧率

（2）工作量法。工作量法是根据实际工作量计提折旧的一种方法。计算公式为：

每一工作量折旧额：[固定资产原值 ×（1 －净残值率）]÷ 规定的总工作量

某项固定资产月折旧额 = 该项固定资产当月工作量 × 每一工作量折旧额

（3）双倍余额递减法。双倍余额递减法是在不考虑固定资产残值的情况下，

根据每期期初固定资产账面余额和双倍直线折旧率计算固定资产折旧率的一种方法，计算公式为

年折旧率＝（2÷ 规定的折旧年限）×100%

月折旧率＝年折旧率 ÷12

月折旧额＝固定资产账面净值 × 月折旧率

实行双倍余额递减法计提折旧的固定资产，应当在其固定资产折旧年限到期以前两年内，将固定资产净值平均摊销。

（4）年数总和法。年数总和法又称为合计年限法。这种方法是将固定资产原值减去净残值后的净额乘以一个逐年递减的分数计算每年的折旧额。计算公式为：

$$年折旧率=\frac{折扣年限-已使用年限}{折扣年限\times（折扣年限+1）\div 2}\times 100\%$$

月折旧率＝年折旧率 ÷12

月折旧额＝（固定资产原值－预计净残值）× 月折旧率

第三节　设备资产管理的基础工作

设备资产管理的基础工作主要是指设备的分类与资产编号，设备的账卡、图牌板管理，设备档案管理，设备清查等工作。

一、设备的分类与资产编号

为了对设备资产实行有效的管理，实现标准化、科学化和计算机化，满足企业生产经营管理的需要和企业财务、计划、设备管理部门及国家对设备资产的统计、汇总、核算的要求，对企业所使用的设备必须进行科学的分类与资产编号，这是设备资产管理的一项重要的基础工作，也是掌握固定资产的构成、分析企业生产能力、开展经济活动的关键。

设备分类的主要依据是国家质量监督检验检疫局批准发布的国家标准《固定资产分类与代码》国家标准 (GB/ T14885—2010)。该标准设置了土地、房屋及构

筑物、通用设备等十个门类，基本上包括了现有的全部固定资产。同时，该标准还兼顾了各行业、部门固定资产管理，特别是设备资产管理的需要，各行业、部门还可在该标准目录下补充、细化本部门、行业使用的目录，但规格复杂的设备必须与国家标准相一致。

二、设备的账卡、图牌板管理

（一）设备的账卡管理

设备账卡的建立是设备管理工作的基础，是掌握设备数量和动态变化的主要手段。设备账卡不仅记载着每台在籍设备的详细规格和制造厂名，而且记录每台设备从购入、使用到报废为止的整个情况。设备的主要账卡有设备明细台账、设备数量台账、主要设备技术特征卡、设备保管手册、矿井移动设备动态卡片等。

1. 设备明细台账

设备明细台账是对企业全部在籍设备设置的。台账的排列次序应依照设备的分类编号。按系列型号、规格从大到小进行排列，不同的设备名称及型号规格均应分页建账。台账内容记载每台设备的主要技术特征、制造厂名、出厂时间、编号，同时还要记录设备自购入、安装、使用、调动、改造直到报废的整个技术动态和价值变化情况。

2. 设备数量台账

设备数量台账是企业机电设备在籍数量分系列型号的统计台账，是设备明细台账在数量上的汇总。

3. 主要设备技术特征卡

主要设备技术特征卡是专门为反映企业生产系统主要设备的技术特征而设置的，其内容记载设备的技术特征、技术参数，以便随时查阅。

4. 设备保管手册

设备保管手册是为车间、区队和其他部门使用设备而设置的，其内容、范围可由各单位自定。

5. 矿井移动设备动态卡

采矿工业企业设备的移动频繁，对移动设备应建立移动设备动态卡，是用来记录井下移动设备情况的卡片。卡片记录的内容主要是设备的技术特征、制造厂名、设备的移动情况。

（二）设备的图牌板管理

设备的图牌板管理是根据不同的用途制作各种图牌，将标有设备名称、编号的小牌挂在图板不同的位置上，可以直观她了解设备的数量、分布情况、利用情况等。当设备有变动时，可移动或变换小牌的位置，简捷方便。企业设备管理部门可设置生产设备、修理设备、库存设备牌板、生产供电系统牌板、统计指标牌板等。车间、区队也要设置本部门管理范围内的设备牌板。矿井一般有以下几种图牌板：

井下机电设备牌板是掌握全矿井下采煤、掘进、运输设备使用情况的总牌板。板上按设备的使用单位不同挂有设备小牌，设备如有变动，应根据设备的调动、安装、拆除和交换手续随时变换小牌的位置。设备牌板由设备管理部门的专职管理员管理。

设备修理牌板是反映设备修理情况的牌板。板上按设备的修理地点挂牌。

库存机电设备牌板是反映企业机电设备在库房存放、未使用的牌板，它包括备用、停用、待修、闲置等设备，在板上按设备状态分类挂牌。

井下供电系统牌板是标明井下供电系统的图板。板上不仅可反映出井下供电系统，而且可反映出从井下中央变电所到各采区、采掘工作面和各用电地点的各种电气设备的名称、容量、负载、电缆长度、规格及继电保护的整定值等。

小型电器设备管理牌板是用来统一掌握全矿各种小型电器设备的牌板。板上记载着各种小型电器设备的在籍、使用、备用和待修数量及使用、存放地点等情况。

采、掘、运区（队）的设备牌板是在采、掘、运区（队）设置。板上有设备名称、型号和编号。小牌两面用不同符号标明设备完好和不完好，小牌随同设备走。

矿井设备“四率”统计牌板是设备管理部门掌握设备的使用率、完好率、待修率、事故率的统计牌板。牌板上记载各种设备的在籍、使用、带病运转、待修和事故记录。

除上述图牌板外，还可根据具体情况设置电缆管理牌板、轨道管理牌板等。

三、设备档案管理

设备档案是指设备从规划、设计、制造、安装、调试、使用、维修、改造、更新直到报废的全过程中形成的图样、方案说明、凭证和记录等文件资料，是设备寿命周期内全部情况的历史记录。设备档案一般应包括设备前期与设备投产后两个时间积累的资料。

属于设备档案的资料有：设备前期的主要资料有设备选型和技术论证、设备购置合同（副本）、设备购置技术经济分析评价、自制专用设备设计任务和鉴定书、外购设备的检验合格证及有关附件、设备装箱单及设备开箱检验记录（包括随机备件、附件、工具及文件资料）、设备安装调试记录、精度检验记录和验收移交书等；设备投产后的主要资料有设备登记卡片、设备使用初期管理记录、开动台时记录、使用单位变动情况记录、设备故障分析报告、设备事故报告、定期检查和监测记录、定期维护与检修记录、大修任务书与竣工验收记录、设备改装和改造记录、设备封存（启用）单、修理和改造费用记录、设备报废记录等。

由于矿井机电设备种类繁多、规格型号复杂，因而只能有重点地选择主要生产系统中对生产和安全有较大影响的关键设备及相关系统建立设备服役档案。例如，煤矿的固定设备、综采和综掘设备、矿井变电所设备及系统、大型运输设备、露天采剥设备等。

设备档案管理就是对设备的资料进行收集、鉴定、整理、立卷、归档和使用的管理。设备的档案资料应按每台设备整理，存放在档案袋内，档案编号应与设备编号一致，设备档案袋由设备管理和维修部门负责管理，保存在档案柜内，按顺序编号排列，定期进行登记和资料入袋工作。具体应做到：设备档案要有专人负责管理，不得处于无人管理的状态；明确纳入设备档案各项资料的归档路线；明确定期登记的内容和负责登记的人员；制订设备档案的借阅管理办法，防止丢失和损坏；对重点管理设备的档案，做到资料齐全，登记及时、准确。

四、设备清查

企业要对设备进行定期清查，这是因为企业在生产经营过程中，由于设备的调入、调出、内部变动、报废清理，以及使用、维修、更新改造等，使设备在数量、质量、地区分布上都会发生变化，为了了解设备的实际情况，必须对设备进行定期或不定期清查盘点。

设备清查盘点一般在年终进行，若有特殊情况发生，则要进行特别清查盘点。通过盘点实物及时调整有关账面记录，以保证账、物相符。

清查盘点时，要求有关清查人员、使用人员或监管人员同时在场，并要编制清查盘点表和设备盘盈、盘亏报告表。在清查盘点中，如果有需要报废清理的设备，须按报废清理的有关程序进行。

设备的盘盈、盘亏必须及时入账，并按规定报有关部门审批。对盘盈设备除查明原因外，还应将该设备的有关资料，如制造厂家、出厂时间、主要技术特征、结构、性能、附属设备、磨损程度等了解清楚，并编号建立账卡，对于盘亏的设备必须追查原因，针对不同情况分别处理。盘亏原因不清或没有处理结果的，不准上报核销。

第四节　封存与闲置设备的管理

一、设备封存

封存是对企业暂时不需要使用的设备的一种保管方法。《煤炭工业企业设备管理规程》第四十六条规定：对于企业暂不需要使用或需要连续停用六个月以上的设备应进行封存。经企业设备管理部门核准封存的设备，可不提折旧。封存分为原地封存和退库封存，一般以原地封存为主。

（一）设备封存的基本要求

1. 对于封存的设备要挂牌，牌上注明封存日期。设备在封存前必须经过鉴定，并填写“设备封存鉴定书”作为“设备封存报告”的附件。

2. 封存的设备必须是完好的设备，损坏或缺件的设备必须先修好，然后封存。

3. 设备的封存和启用必须由使用部门向企业设备主管部门提出申请，办理正式审批手续，经批准后生效。

4. 对于封存的设备必须保持其结构完整、技术状态良好，要妥善保管、定期保养，防止损失和损坏。

5. 设备封存后，必须做好设备防尘、防锈、防潮工作。封存时应切断电源，放净冷却水，并做好清洁保养工作，其零部件与附件均不得移做他用，以保证设备的完整，严禁露天存放。

（二）设备封存的范围

在煤炭工业企业中，需要封存的设备一般包括以下两类：

1. 由于生产、基建、地质勘探任务变更、采煤方法的改变、勘探施工地点的变动等原因暂时停用的设备。

2. 经清产核资、设备清查等暂时停止使用的。停用在六个月以上的设备（不包括备用或因季节性生产、大修等原因而暂时停止使用的设备）。

二、闲置设备的处理

（一）闲置设备的概念及闲置设备处理的意义

《煤炭工业企业设备管理规程》第四十六条明确指出，企业闲置设备是指企业中除了在用、备用、维修、改装、特种储备、抢险救灾所必需的设备以外，其他连续停用一年以上的设备，或新购进的两年以上不能投产的设备。

企业闲置设备不仅不能为企业创造价值，而且占用生产场地、资金，消耗维护费用，因此，企业应及时、积极地做好闲置设备的处理工作。企业除应设法积极调剂利用外，对确实长期不能使用或不需使用的设备，要及时处理给需用单位。

（二）闲置设备的处理方式

企业闲置设备的处理方式主要有出租、有偿转让等。

1. 设备出租是指企业将闲置、多余或利用率不高的设备出租给需用单位使用，并按期收取租金。企业在进行设备出租时，需与设备租用单位签订合同，明确出租设备的名称、数量、时间、租金标准、付费方式、维修保养责任和到期收回设备的方式等。

设备出租可以解决设备闲置问题，充分发挥设备效能，并收回部分资金，提高效益。租入设备的企业也可用少量的资金解决生产需要。

2. 设备有偿转让是指企业将闲置设备作价转让给需用设备的单位，也就是将设备所有权转让给需用设备的单位，从而收回设备投资。企业在转让设备时，应按质论价，由双方协商同意，签订有偿转让合同，同时应连同附属设备、专用配件及技术档案一并交给接收单位。

国家规定必须淘汰的设备，不许扩散和转让。待报废的设备严禁作为闲置设备转让或出租。企业出租或转让闲置设备的收入，应按国家规定用于设备的技术改造和更新。

第五节　租赁设备的管理

设备租赁是将某些设备出租给使用单位（用户）的业务。企业需要的某种或某些设备不必购置，而是向设备租赁公司申请租用，按合同规定在租期内按时交纳租金，租金直接计入生产成本。设备用完后退还给租赁公司。这样，可以减少企业固定资产投资，降低成本；可以加速提高设备的技术水平和增强企业的竞争能力，降低技术落后的风险，促进企业加强经济核算、改善设备管理。

一、设备租赁方式

设备租赁方式一般可分为两大类，即社会租赁和企业内部租赁。

（一）社会租赁

依据现代设备管理的社会特征，依靠和借用社会力量来解决企业需用的设备，是使企业获得良好经济效益的重要途径之一。社会租赁就是由社会上的专业租赁公司将机电设备租赁给需用设备的单位。其具体方式有金融租赁（也称为融资租赁）、维修租赁（也称为管理租赁）、经营租赁（也称为服务性租赁）和出租等。

目前我国采用较多的是经营租赁和融资租赁。

1. 经营租赁。经营租赁是指只出租设备的使用权，而所有权仍为出租企业的租赁方式。经营租赁方式主要是为解决企业生产经营中临时需要的设备。承租企业的责任是按租赁合同的规定按时支付租金，保证租入设备的完好无损。对投入设备不计提折旧；承租企业对租入设备支付的租金和进行修理所发生的费用均作为制造费用计入产品成本。

2. 融资租赁。融资租赁是指既出租设备的使用权，又出租设备的所有权，在承租企业付清最后一笔租金后，设备的所有权就转移到承租企业。融资租赁与经营租赁具有本质上的区别，在管理上也不相同。

（1）以融资租赁方式租入的设备，其所有权也租给承租企业。因此，承租企业必须将其视同自有资产进行管理，直接登入企业固定资产有关明细账内。

（2）承租企业在使用融资租入设备期间，需计提折旧，作为企业的制造费用或管理费用处理。

（3）承租企业按承租协议或合同规定每期支付的租金，包括设备买价的分期付款、运杂费、安置费、未偿还的部分利息支出和出租企业收取的管理费和手续费等，支付的租金不能直接计入生产成本。

由以上分析可以看出，融资租赁实质上是以实物资产作为信贷，租金是对信贷资产价值的分期偿还。融资租赁方式，一般主要用于中小型企业的主要生产设备，可以解决企业资金不足的问题。从某种意义上说，融资租赁方式也是企业筹集资金的重要方式之一。

（二）企业内部租赁

内部租赁是在大型联合企业内部实行的一种租赁制度。其目的是加强设备管理，充分发挥设备资产的使用效益，防止积压浪费，把基层企业的全部或部分机电设备由设备租赁公司（站）租给基层企业。目前煤炭行业内部租赁方式可归纳为维修租赁和承包租赁两种。

1. 维修租赁。维修租赁是指租赁设备的单位对租入设备只负责日常维护、保养，修理工作由租赁站负责。目前我国煤炭生产和基建企业大多采用这种方式。

其具体做法是：

（1）在一个公司内，各矿将需要租赁的设备在年度计划内确定，由矿设备动力部门与局设备租赁站签订租赁合同。合同格式各地虽有所差别，但其主要内容和格式是一致的。

（2）设备租赁站按合同要求将设备送到矿上或由矿自行提运。

（3）自设备到矿之日起计算租金，设备使用完毕，由矿负责收回放到指定地点后，即停止计算租金，由租赁站派车（或委托运输部门）将设备运回租赁站，经技术鉴定后，需要进行修理的送修理厂进行修理，修好后验收入库待租。

2. 承包租赁。承包租赁有两种形式，即：自带设备承包工程，租赁设备并配备驾驶员。

这种方式主要适用于基建企业、运输企业等。其收费办法按承包项目或台班计费。

二、设备内部租赁范围

由于煤炭企业的生产特点，内部租赁设备的范围主要是井下移动设备，特别是采、掘、运设备，其技术进步快、寿命短，实行内部租赁，集中维修，可降低维修费用，并有利于设备的改造和更新。

三、设备内部租赁费的计算、安排和使用

（一）设备内部租赁费的计算

对于设备的租赁费标准目前尚无统一规定。煤炭工业企业内部租赁一般由煤企集团自定。它的主要费用项目应包括基本折旧费、大修理费、维修费（中小修）、运输费和管理费等。其计算公式为：

$$月租赁费=1/12\times(P/n+P\times k+M_{修}+C_{运}+C_{管})$$

式中：P——租赁设备的原值；

n——设备规定的使用年限；

k——租赁设备大修理年提存率；

$M_{修}$——租赁设备年平均维修费（中小修）；

$C_{运}$——设备年平均运输费（往返于矿—租赁站）；

$C_{管}$——租赁应分摊的租赁站的管理费。

需要说明的是，外部租赁时要加征税收。

（二）设备内部租赁费的安排和使用

设备租赁费是维持设备正常运转、进行技术改造和更新的主要资金来源，必须合理地安排和使用。租赁费一般按月计算（国外有按日计算的），由财务部门或租赁站统一核收。基本折旧费和大修理费用纳入煤企集团财务计划统一安排使用，中小修理费、运输费、管理费统一由租赁站安排使用。使用的原则是先提后用、量入为出、以租养机、专款专用、收支平衡。对于修理费用多数是按实际支出进行决算，实行多退少补的办法。设备维护保养得好，修理费就会比计划低，剩余的退给矿上冲减成本。修理费用超支的由矿上补交。这样就可以促使矿上加强设备管理，设备使用完毕，应及时回收，尽量减少丢失和损坏现象。

第六节　大型固定设备的管理

大型固定设备通常是指 2 m 及 2 m 以上的绞车、主通风机、主排水泵、空气压缩机、主提升胶带输送机、井筒、井口及井底设备、瓦斯抽放泵、注氮机、2 t/h 及以上的锅炉、35 kV 及以上主变压器等。

一、大型固定设备的更新购置

（一）设备选型的原则

首先应考虑技术先进、安全可靠、经济合理、服务优质，并注意通用性、互换性和标准化；选购的设备应是经过鉴定、有生产许可证的、非淘汰型产品。煤矿使用的涉及安全生产的产品，必须取得煤矿矿用产品安全标志。矿山企业应根据其长远发展规划和现有设备的安全技术状态制订设备的改造更新规划，对老化、技术性能落后、耗能高、效率低的设备要有计划地逐年进行更新。

（二）大型固定设备的选型原则

大型固定设备选型按照分工负责的原则，由机电部门等有关业务单位牵头，在充分征求使用单位意见的基础上拟订技术协议，再由矿级相关单位组织进行技术洽谈，签订严谨、详尽、科学的技术协议，明确双方的义务、责任，以及所购设备的技术培训、技术服务、试验或检验等事项，供应部门再根据技术协议组织商务谈判并签订商务合同。

（三）新设备的管理

对于从未使用过的新型设备，以及试验涉及安全生产的新材料、新技术、新工艺，引入前要由矿山相关单位组织有关人员进行考察、评估。评估通过后方可安排试用。试用单位必须制订安全措施后才能试用，试用中做好日常记录，试用期满后提出试用评估报告上报有关部门，试用评估报告审查合格后方可按采购程序采购。

（四）大型固定设备的验收

大型设备应由牵头单位负责组织使用单位等专业人员依据技术协议、商务合同、有关技术资料及质量标准进行出厂验收；其他设备由使用单位进行验收。

（五）关键部件的管理

涉及安全生产的关键部件（如主要电机、电控、风机风叶、主轴承、主提升绳、提升容器、天轮、井筒装备、液压站及制动器、摩擦衬垫、提升信号等）的更新改造和选型，要先进行充分调研，选用鉴定合格的产品，产品性能符合有关技术要求和设备的设计参数，并经相关主管部门同意后，方可实施。

二、大型固定设备的安装

设备到货后，要及时进行安装调试，投入使用。暂时不使用的设备、部件等必须入库妥善保管，定期维修保养，防止日晒、雨淋、锈蚀、损坏和丢失，并做好防火、防盗工作。

大型固定设备的安装应由业主单位施工。如需对外委托安装，承揽单位必须具备相应的资质，业主单位必须对承揽单位进行审查，并与承揽单位签订商务合同和安全技术协议，报相关业务部门备案。

设备安装前，安装人员应先熟悉设备的技术资料，编制设备安装施工安全技术措施。措施要有设备安装的技术要求和标准，经业主单位组织人员审批。大型工程（主提升系统、主通风机、主排水系统等主要生产系统）安装的施工安全技术措施须报送相关业务主管部门审核备案。

施工人员要严格执行审批的设备安装施工安全技术措施，保证施工质量。施工情况、安装技术数据要认真做好记录。

设备安装竣工后，要按有关规定和标准对安装好的设备进行静态试验及空负荷、轻负荷、重负荷试运转。对影响矿井安全生产的主要设备，如主提升机（主轴装置、制动系统、电控系统）、主扇风机、主排水系统等，要按照有关规定进行性能技术测定。

大型固定设备的安装、试运行、验收等资料，相关人员签字后存入大型固定设备档案。

三、大型固定设备运行管理及维修保养

（1）大型固定设备运行必须制订操作规程、岗位责任制、交接班制、巡回检查制、检修制度、管理人员上岗制等各种安全生产管理制度，由相关单位组织机电、安监等专业人员审查，成文后执行。当设备或系统进行技术改造后应及时修改有关规章制度。

1. 操作规程

大型固定设备要按有关规定、标准、设备说明书等要求制定切实可行的操作规程。操作人员要按照操作规程的要求集中精力、谨慎操作、规范作业。

2. 岗位责任制

按有关规定要求，结合本岗位特点，制订岗位责任制。岗位人员应按岗位责任制规定持证上岗，履行岗位职责，不得擅离职守，保证工作质量及设备的安全运行。

3. 交接班制

交接班要在岗位现场进行，交班人员交班前必须进行安全检查，接班人员必须进行安全确认，双方签字完成交接。提升机驾驶员不得在提升过程中进行交接。

4. 巡回检查制

包括巡回检查制度和巡回检查图表两部分，要求定时、定点、定线路、定内容、定要求地对设备进行检查；巡回检查时发现问题，要及时汇报处理。

5. 检修制度

检修制度包括日常维护保养制度和定期检修制度。

日常维护保养制度是指有计划地做好设备的润滑、保养、检查、清洁等工作。各矿要制订大型固定设备及主要生产设备的日常维护保养制度，定周期、定人员，明确设备的润滑加油方式、润滑剂牌号、加油量、加油周期等；设备保养包括运行设备保养和备用设备保养，保证设备防腐性能良好，做到“五不漏”；明确检查部位、检查周期、检查方法等；清洁内容包括环境、设备、电气设施等，提升机制动盘要根据情况用干净棉纱经常擦拭，不得有油污。

6. 定期检修制度

相关单位应根据相关规定要求及每台设备的性能、结构特点、工作条件、维修经验，制定大型固定设备及主要生产设备日检、周检、月检、季检、年检等检修的详细内容，内容要具体、全面，可操作性要强，内容应有检修部位、检修方法、检修标准等。

（2）大中型设备检修项目，以及对矿井安全、生产有较大影响的施工项目、突发事故的抢修必须由技术人员认真编写施工安全技术措施，经相关单位批准后，方可施行；涉及矿井重大安全的施工项目，要制订应急预案。

（3）大型固定设备的大修理是保证设备安全运行的重要工作，设备大修理要根据使用情况、设备缺陷制订修理方案，明确修理部位和技术要求；修理后要进行验收，检验修理效果。

对矿井的安全、生产有较大影响的主要设备（主提升机、主扇风机等）的大修理，大修理前要全面、认真地鉴定设备的技术状况，对症下药，制订详细、完善的修理方案。在线备用的固定设备，应按有关规定轮换运行，停下来的设备应及时维修，完好备用。

第七节　井下移动设备的管理

移动设备是指在使用过程中工作地点经常变动的设备。采矿工业露天和井下的大部分生产设备均属于移动设备。

采矿工业的特点之一就是作业场所不断变更。采、掘设备经常处于移动状态。设备经常移动带来最突出的问题是管理困难，容易丢失和损坏。因此，必须采取有效措施，加强移动设备的管理。

一、采、掘工作面机电设备的移动过程与管理

采、掘工作面的生产设备的移动过程：准备工区根据生产安装任务领出并进行安装，经运转验收后，交给采、掘工区使用，当采、掘工作面结束后，再由准备工区拆除运至地面机修厂（或机修车间）进行检修，检修完入库待用。其管理要点是跟踪设备的移动过程，明确各环节的责、权、利问题，及时调整相关账卡管理资料，必要时要建立设备移动情况目视牌板，并通过专门的联系方式和组织对设备状况进行监管，制订相应的措施和移动方案，确保设备的使用效率和设备完好。

二、移动设备的管理措施

煤矿企业移动设备主要是采、掘设备，为了最大限度地发挥设备的效能和保持资产的完整性，防止丢失和损坏，在管理上应采取以下措施。

（一）加强移动设备的领用管理

设备管理部门要根据生产任务的需要和设备使用地点的条件，确定配置生产所需设备的型号、规格和数量。其具体要求是要保证每台设备能得到充分利用，防止设备在生产部门的积压浪费，建立完善的领用手续和使用台账。

（二）加强移动设备的图牌板管理

随时掌握设备的使用（或存放）地点和利用情况，以及设备的在用、修理、

停用或闲置的变化情况，做到数目清、状态明。

（三）加强移动设备运输过程的管理

由于煤矿生产是地下作业，设备在井下的运输过程中容易损坏或丢失，必须由责任心强的人负责，建立严格的交接验收制度。

（四）加强移动设备的维修管理

移动设备的使用地点分散，且经常变动，其日常维修工作由使用单位负责，设备的中修和大修一般由设备修理部门（机修车间或修理厂）负责。设备管理部门应加强对设备的操作人员和维修人员的技术指导和技术培训工作，以保证设备的检修质量和正常运转。

（五）加强移动设备的安全管理工作

移动设备一般安装在空间窄小、安全性较低的采、掘工作面，安全装置的功能状况一旦出现事故，直接影响工人的生命安全。因此，必须把安全管理工作放在首位，经常检查各种设备的安全装置是否齐全和正常运行，发现问题及时处理。

（六）加强移动设备的回收工作

井下采区和工作面生产结束后，必须及时回收各种设备，建立专门的设备回收队伍，尽量减少不必要的丢失。

第八节　设备资产管理信息化

设备资产管理信息化是指利用计算机网络技术和强大的数字化管理技术，结合先进的设备管理思想和方法，优化设备资产管理流程，形成动态的设备管理工作平台，利用对设备资产管理信息流与工作流的控制，使企业更有效地配置资产，提高生产设备的可利用率及可靠性，控制维护及维修费用，延长设备生命周期，满足生产设备对现代生产组织的要求。

煤矿企业机电设备管理的基础工作是一项复杂的工作，占用了大量的人力、物力，特别是设备资产台账管理更为突出。对于一个企业要使每台设备技术数据齐全，状态清楚，及时掌握各单位设备的购入、调出、报废、使用和地点的变动情况，按设备的不同规格型号及时进行分类登记，并做到迅速、准确，只有采用计算机技术才能得以实现。

一、系统功能设计要求

设备资产台账管理要求计算机管理系统具有设备台账录入、新设备的增加、删除、修改、查询、类别统计和结束功能。

二、设备资产台账管理系统

设备资产台账的计算机管理系统主要由设备资产台账管理系统引导程序、工作主程序、增加子程序、删除子程序、修改子程序、查询子程序、类别统计子程序、各类报表子程序、设备资产台账数据库等程序组成。

三、系统中各模块功能

（一）设备资产台账的录入和新设备增加

这个模块用于新建数据库的录入或增加原始数据。在录入和增加数据过程中，为确保录入数据的准确性，程序设计了可随时修改当前录入的记录和以前录入的某个记录，整个过程可反复进行。

（二）删除

这个模块用于删除满足指定条件下某类或某个记录。完成删除后，由主菜单引导用户继续完成其他工作。

（三）修改

这个模块用于修改满足指定条件的某类或某台设备。其处理方法是按用户输入的指定条件将该记录在屏幕上显示出来，用户通过移动光标可以修改该记录的任意一个字段内容。既可重复修改本类设备的记录内容，也可重复修改其他类设备的记录内容。整个过程都是由计算机提示来完成的。

（四）查询

这个模块用于查询设备的名称，按用户选择将查询到的记录逐条地显示在屏幕上，也可打印到空白纸上。整个查询过程可反复进行，直至用户选择其他项目。

（五）类别统计

这个模块具有以下几个主要功能，即按设备名称、规格型号分类统计；按规格型号统计某类设备状态；按使用状态、调出单位统计及按状态统计台数。

同时根据需要可分别输出使用、备用、封存、可供外调、待修、待报废设备的明细报表。此外，根据用户选择，还可打印出某些地点的设备明细。

目前设备资产管理系统（简称EAM）已经进入生产使用领域，而且功能越来越强大。该系统的主要特点：一是面向企业的管理流程进行系统结构设计，将管理流程置于界面与表单设计之上，为企业提供一个自定义的基于数字化管理技术的工作平台，支持用户自定义管理流程、工作节点与管理职责，且根据工作人员的权限定义，自动将待办任务推到工作人员的桌面，实现工作任务的准时下达；二是最大限度地实现应用集成，以便解决多个异构系统的信息资源的高效利用问题。

四、企业资产管理实现信息化的正确途径

对管理基础不够扎实、管理体系尚需完善的企业，首要目标是“用上”计算机软件，根据软件系统所提供的标准化、规范化管理功能，调整与完善管理基础与工作体系。

对有一定计算机应用基础、管理基础工作较好的企业，应将设备管理信息化的目标定位在“规范化运作的企业”上，通过规范化管理，提高管理效能并有效降低设备的维护成本，保障设备资产的安全正常运行。

已经实现或基本实现“规范化运作的企业”可制订较高的信息化目标，立足于“优化管理流程和改进管理体系”，建立企业级的设备资产管理系统，将企业的设备资产作为企业的重要资源进行管理，以追求资产的优化和资产投资回报的最大化，并通过引进先进的管理思想与管理方法，解决企业设备管理持续发展的问题，为生产结构调整、生产计划制订、设备更新改造提供决策分析与支持。

第二章　煤矿机电设备的安装与使用、维护与润滑管理

第一节　煤矿机电设备的安装与使用管理

现代煤炭生产企业的机械化程度越来越高，机电设备的正常运行对企业生产的影响也越来越大，要使设备充分发挥作用，提高经济效益，就必须使之长期保持良好的性能和精度，减少磨损，延长寿命。设备使用寿命的长短，生产效率的高低，在很大程度上取决于设备的安装质量和合理使用，因此，设备的安装质量和合理使用就成为设备管理中的一个重要环节。

保证设备的安装质量，必须做好设备安装的计划编制，施工费用预算和施工期间的组织管理。编制设备安装工程计划应实事求是、客观、准确，采用的编制依据应准确、真实可靠；计算施工费用时应采国家最新定额，设备安装工程施工费用由直接费、间接费、计划利润、材料价差和税金五部分组成；施工组织管理包括施工前期准备工作、安装施工管理、设备调试与试运转和交接验收。前期准备主要是技术准备、物资准备和施工现场准备。施工管理主要包括技术管理、组织管理、物资管理和安全管理。交接验收应注意交接时资料齐全。

设备的正确使用，主要由设备操作规程、对操作人员的严格要求、开展技术培训、合理使用设备等制度和措施来保证。操作规程必须简洁、明确，具有可操作性和针对性，同一设备在不同的使用环境下可能会有不同的操作程序，编制时

不能千篇一律。操作规程必须认真贯彻，让每一个操作人员都熟练掌握，并严格遵照执行。对操作人员的要求，要做到“三好”“四会”和“五项纪律”。

一、编制设备安装计划、完善使用管理制度

（一）设备安装工程计划的编制

煤矿机电设备安装工程主要是基本建设（新建或扩建）的设备安装和生产准备（如新采区、新工作面）的设备安装。无论哪类工程，在施工前都要编制设备安装工程计划。设备安装工程计划编制的步骤是：

1. 要根据企业生产经营总体计划要求和设备到货情况，确定设备安装工程项目，了解工程概况。

2. 要计算出设备安装工程的工程量、人员的需要量、机具和材料的需要量，并做出安装工程费用预算。

3. 安排施工顺序，进行工程排队，编制安装作业进度图表（复杂的工程可以采用网络计划技术）和劳动组织图表。

4. 编制物资供应计划。

5. 作计划的综合平衡，以保证计划的实施。

设备计划的编制应由企业设备主管部门、计划部门、生产技术部门、设备材料供应部门、财务部门和施工部门共同完成。

（二）工程施工费用预算

工程预算是在施工设计图提交后，以每一单位工程为对象，以各种费用定额为依据，由施工部门或设计单位编制的工程费用总造价的施工文件，它是设备订货、材料加工、施工单位签订承包合同、办理工程拨款和施工结算的依据，是确定工程进度和统计工作、建设单位和施工企业经济核算的基础。

1. 设备安装工程预算的组成

单位安装工程预算文件主要由以下几部分组成。

（1）预算文件封面

预算文件封面是按一定格式填写单位工程名称、编号及所隶属单项工程名称、

编制单位和负责人签章，注明批准的概算总值、技术经济指标、编制审核日期等内容。

（2）工程预算编制说明

把预算表格不能反映以及必须加以说明的一些事项，用文字形式予以表述，以供审批及使用时能对其编制过程有全面的了解。主要内容包括工程概况及技术特征说明；编制预算的依据，如施工图号、采用的定额、材料预算单价、各种费率等；预算编制中存在的问题；预算总值及技术经济指标计算等。

（3）单位工程预算总表

单位工程预算总表是一个汇总表，它把单位工程中的各个分部、分项工程计算的结果，按直接费、施工管理费和其他费用的明细项目统计累加在一起，构成预算总值，并计算出相应的技术经济指标，从而清晰地看出预算费用的结构组成，以便于审批及分析。

（4）单位工程预算表

单位工程预算表是单位工程预算文件的主要组成部分，具体反映了单位工程所属各预算项目（即分部、分项工程或安装项目），预算单价及总价的计算过程，包括计算依据的定额编号，耗用的人工、材料、机械台班等，是编制预算总表的基础。

（5）工程量计算表

工程量计算表主要用于计算各预算项目的工程量，以确定、复核施工图纸提供的工程量数据，从而准确地计算工程造价。对于安装工程而言，其工程量确定一般都很简单，大部分不需要计算，因而通常只在复核管线工程、金属结构工程及二次灌浆工程量时，才用此表。

（6）人工及主要材料汇总表

把完成本单位工程所需分工种、工日数和分类别的材料量汇总在一起，用作备工、备料、供应部门控制拨料及班组核算用料的依据。

在安装工程中还要补充定额外材料计算表，补充定额编制表，补充单价估价表等。

2. 单位工程预算费用组成

设备安装工程的造价（费用）一般可分为直接费用、间接费用、计划利润、材料价差和税金五大类。

3. 安装工程费用预算编制的依据

在编制机电设备安装工程预算时，必须以国家主管部门统一颁发制定的一系列文件、标准及有关单位提供的大量基础资料为依据。在一般情况下，主要有矿井建设单位统一名称表；批准的总概算书中规定的单位工程投资限额；设备安装工程图；安装工程预算定额；施工部门安装工人平均工资水平；施工管理及其他费用的取费标准；材料预算价格；施工组织设计及其他。

（三）建立设备使用管理制度

要做到正确使用设备，用好设备，首先必须从管理入手，没有一套良好的、合理的、切实可行的管理方法和规章制度，就不可能真正管好用好设备。建立设备管理制度是管好用好设备的基础，煤矿机电设备常用的管理制度有以下几种。

1. 操作规程

操作规程就是设备的操作方式和操作顺序，是保证设备正常起动、运行的规定。严格按照操作规程操作是正确使用设备、减少设备损坏、延长设备寿命、防止发生设备事故的根本保证。在煤矿生产中发生的事故，往往就是没有严格执行操作规程而造成的，如斜坡运输发生跑车事故，常常就是因超拉超挂，提升负荷超过提升机的提升能力而造成。

2. 岗位责任制

岗位责任制就是对在某一岗位上的人员应该承担的责任、义务及所具有的权力的规定。它明确规定了操作人员或值班人员的工作范围和工作内容，应遵守的工作时间和职权范围，是正确使用设备、防止事故发生的有力保证。现以井下中央变电所变电工岗位责任制为例，说明怎样制定岗位责任制。

（1）坚守工作岗位，坚持八小时工作制，自觉遵守劳动纪律和各项规章制度。

（2）严格执行手上交接班，接班人员应提前到工作岗位接班，如因故不到，交班人员未经许可，不得自行离开工作岗位或托人代替交班。

（3）严格执行保安规程和安全操作规程，上班前不准喝酒，交班人员如发现接班人员有醉酒或精神恍惚现象，交班人员有权拒绝交班，并将情况报告矿调度室或队领导。

（4）熟悉所内的设备性能及运行方式，经常观察变压器、高低压开关和检漏继电器是否运行正常，如发现有异常情况，应立即报告矿调度室，不得擅自行动。

（5）严格执行停送电制度，高压系统的停送电必须有电调人员的书面或电话通知，低压系统的停送电必须由与工作相关的电工申请，并经请示电调人员或矿调度室同意后方可执行。

（6）经常保持设备、硐室清洁、整齐。

（7）严禁非工作人员进入变电所。

（8）有权拒绝非电调人员对电气设备操作的指挥。

（9）严格执行设备巡回检查并认真、准确填写各种记录。

3. 设备运行、检修记录

设备运行记录是反映设备的运行状况，为设备检修提供根据的重要依据。通过分析设备的运行记录，可以发现设备性能的变化趋势，便于提早发现设备存在的隐患，及时安排设备检修，防止设备性能恶化，从而延长设备的使用寿命。设备运行记录的内容主要是设备运行中的各种参数，如电流、电压、温度、压力等，也包括设备运行中出现的异常情况。运行记录一般采用表格形式，表格中应有设备编号、安装地点、记录时间等项和记录人员的签字。

检修记录为技术人员和管理人员对设备性能及状况的了解提供依据，便于及时安排设备的大修或更新。这里所说的检修记录主要是指临时检修、事故检修或不定期检修的记录，对于定期检修和大修，应有专门的记录。无论是临时检修还是事故检修，记录中都应载明所检修设备的编号、损坏情况、检修部位、更换的元件、检修后的参数等主要内容，必要时可提出对设备的后续处理意见，同时还应载明检修日期和检修人员并签名。

4. 设备定期检修制度

设备定期检修是保证设备正常运行的一项重要措施，它是一种有计划、有目的的检修安排。检修间隔的长短，主要根据设备的运行时间、设备的新旧程度、设备的使用环境等因素确定，检修周期有日检、周检、旬检、月检、季检、年度检修等。煤矿机电设备种类繁多，有固定安装设备，有移动设备，有临时设备，有的设备如主通风机为长时间连续运行，有的是短时频繁起停，因此，科学、合理安排检修周期就显得极为重要。目前煤矿常用的检修周期，对固定设备有周检、月检、季检和年度检修，对于移动设备，则主要是根据采煤工作面的情况确定。

编制设备定期检修计划，必须明确所检修设备的部位、要达到的检修质量、检修所需时间、检修进度、人员安排、备品配件计划等内容。对于大型设备的检修，应编制专门的施工安全技术措施，经相关部门和领导审签后方可施工。

5. 设备包机制度

设备包机制度是加强设备维护、减少设备故障的一种有效方法，它是将某些设备指定由专人负责维护和日常检修，将设备的完好率、故障率与承包人的收入挂钩，有利于加强维护人员的责任心，从而降低设备的事故率。

6. 电气试验制度

电气试验制度是针对供配电设备制定的，是保证供配电系统正常运行，防止发生重大电气事故的保障措施。它通过电气试验，及时发现并排除电气设备存在的隐患，防止问题恶化而导致重大设备或电气事故。目前煤矿生产中的电气试验，主要是指对高压系统如 6 kV 及以上变电所电气设备及电缆线路的试验，因试验时时间长，影响范围宽，一般在年度停产检修时安排。

在进行电气试验讯息工期前，技术人员必须编制相应的技术安全措施，报经相关部门及负责人审签后，严格按措施贯彻执行。

7. 事故分析追查制度

事故分析追查制度是煤矿机电设备管理的一项重要制度。不同企业对设备事故的定义不同，从广义来讲，是指无论由于设备自身的老化缺陷，还是操作不当等外因，凡是造成了设备损坏，或发生事故后影响生产及造成其他损失的，均为设备事故。例如 - 电机过载、缺相或因操作不当造成电机烧坏，都属于设备事故。根据设备损坏情况和对生产造成的影响程度，将设备事故分为三类：一类为重大设备事故，设备损坏严重，对生产影响大，或修复费用在4000元以上；二类为一般设备事故，设备主要零部件损坏，对生产造成一定的影响，或修复费用在800元以上；三类设备事故为一般部件损坏，没有或造成的损失很微小。无论事故大小，都应对事故原因进行必要的分析和追查，特别是对一些人为造成的重大事故要进行认真分析，找出造成事故的原因，以便采取相应的措施，防止类似事故的再次发生。

制定设备事故分析追查制度，应明确事故的类别和不同类别事故的处理权限，即哪一类事故由哪一级部门或组织规定事故分析追查的步骤和处理程序。对手设备事故的分析追查，必须写出事故追查报告，报告中应说明事故的时间、地点、事故原因、造成的损失，如果是责任事故，应明确相关人员应承担的主要责任、次要责任或一般责任，并根据责任的大小确定应承担的处罚，最后应提出防止类似事故重复发生的防范措施。

8. 干部上岗查岗制度

无论再完善的制度，最终还是要落实到执行上，如果不能落到实处，不能得到严格的执行，再好的制度也是一纸空文。而制度的执行需要有人监督检查，所以，作为领导干部，上岗查岗就显得尤为重要。领导干部上岗查岗不是要去检查设备的运行情况，判断设备是否有异常，而是检查各项规章制度执行的情况，发现并制止违章操作的现象。

在制定干部上岗查岗制度时，应明确各级领导和技术管理人员查岗次数、检查内容。

二、设备安装管理

设备的安装管理，主要是对安装施工工艺过程的组织与管理。主要包括设备安装前的准备、设备安装工艺的制定和管理、设备调试和试运转的组织及竣工验收等。

（一）设备安装前的准备

矿井大型设备和一般设备在安装施工前都要进行充分的准备。它是保证设备安装工程顺利实施的前提。主要包括技术准备、物资准备和场地准备三个方面。

1. 技术准备

技术准备主要是指各种技术资料的准备和有关施工技术文件、管理文件的编制和贯彻工作。技术资料主要包括各种图纸（如设备装配图、安装图、基础图、平面布置图、原理图、系统图及方框图等），设备清册及出厂合格证，安装指南，国家与企业规定的质量标准，试验报告，使用说明书，基础与环境要求等；编制的技术文件主要是设备安装工程施工组织设计，它是指导组织正常施工、选择施工方案、合理安排施工顺序、缩短工期、节约投资，保证施工安全和工程质量的重要技术文件，具体内容包括主要工程概况；施工现场平面布置；施工顺序排队（横道图或网络图）和劳动组织安排（劳动组织图表）；施工技术工艺方法（也称施工技术组织措施）；安全措施；有关计划图纸（主要包括安装调试所用的材料、仪器、物资计划、有关备件计划与图纸、设备安装施工图等）。

上述技术准备工作一般是由施工技术人员、管理人员和有经验的老工人共同完成。编制的有关技术管理文件需经有关上级审批后才能实施，并要组织有关人员进行培训，有关的材料计划交供应部门提前准备。

2. 物资准备

安装施工开始前，由施工领队组织落实以下物资准备工作，并在施工开始前1~2天运至施工现场。主要包括施工前的物资检查与清点，设备、部件、随机辅件及有关材料准备，装配用具、材料和配件准备，吊装设备、安装调试工具等物资的准备。

3. 施工现场准备

施工现场准备主要是指设备安装基础的检查与处理、施工所需的动力、电力、风水管线的敷设、安装吊装空间的检查与处理、井下运输通道的检查与处理等项工作。

（二）施工管理

设备安装施工管理是对安装施工过程各环节、各工序及作业实施的管理活动。主要内容有施工技术管理、施工组织管理、施工物资管理及施工安全管理等。

1. 施工技术管理

施工技术管理主要是按照施工工艺安排顺序和各项技术质量要求组织施工。一般设备安装工艺包括基础的检查与处理，设备吊装定位，设备安装找平、找正、基础二次灌浆，隐蔽工程检查与记录等几个基本环节。隐蔽工程是指工程完工后不便检查或根本无法检查的工程。要求必须在工程隐蔽前，组织有关人员检查与验收，并做出详细的记录。

2. 施工组织管理

设备安装工程特别是井下设备安装工程涉及的环节、部门多，影响因素多，因此，必须进行科学的组织，以保证各环节、部门的活动协调统一，最大限度地降低各种因素的影响。主要应做好以下几项工作：按照施工计划合理的组织安装施工与物资、水电供应；建立各部门的经济责任制度，明确各部门和岗位工人的分工与职责；采用科学的作业方式和劳动组织，合理安排和使用劳动力；按照施工进度图标控制和调整施工进度，以保证如期完成安装任务。

3. 施工物资管理

施工物资管理的主要目的是保证供应，降低消耗，防止浪费。主要工作有建立合理的物资领用制度，完善领用手续，实行按计划发放，在保证供应的基础上，避免物资的积压、丢失及不合理损耗，对多余的物资要及时交回物资供应部门，实行物资消耗核算制度。

4. 施工安全管理

设备安装工程特别是井下的设备安装工程，施工的安全问题必须引起各级领导的足够重视。除必须严格执行《煤矿安全规程》要求外，对每一项设备安装工程都要制定具体的安全技术措施，并认真贯彻执行，及时发现和处理各种安全隐患，保证安全施工。

（三）设备的合理使用

合理使用设备包含两方面内容：一是指按照设备规定的性能使用设备，如变压器、电动机不能长期超负荷运行，提升机不能超负荷提升。二是指在有备用设备的情况下应合理均衡安排设备的运行时间，不能长期连续运行某一台设备，应给设备留出足够的维护保养时间。如矿井的主通风机、瓦斯抽放泵等，一般是一用一备或一用两备。要做到正确、合理使用设备，应做好以下两方面的工作。

1. 开展技术培训

随着科学技术的进步和企业自身的发展，煤矿使用的机电设备在不断更新，加之企业职工的流动现象加剧和新老职工的更替，为了满足生产的需要，保证设备的正常、安全运行，就必须不断加强对设备维护人员、操作人员的技术培训。

技术培训的方法很多，各企业可根据自身状况采用。对于大中型的煤矿企业，通常采用以下几种方式：一是企业自行培训，由企业的技术人员负责，这种培训方式的好处是技术员对企业人员的情况了解，培训时具有针对性，培训目的明确，组织培训方便灵活，培训费用低；二是委托培训，就是由企业委托某些学校，培训机构来完成，这种方式具有较强的系统性，了解的信息多，较适用于基础培训；三是由设备生产厂家的技术人员培训，这种培训只能针对某种设备，具有一定的局限性；四是相同或类似企业相互间的技术交流和学习，借鉴对方的一些好的技术管理方法；五是企业内部开展技术岗位练兵、技能考核，这是促进人员提高设备维护使用技能的有效方法。

2. 操作人员应具备的基本素质

我国大多数企业设备管理的特点之一，就是采用“专群结合”的设备使用维护管理制度。这个制度首先是要抓好设备操作基本功培训，基本功培训的重要内容之一就是培养操作人员具有“三好”“四会”和遵守“五项纪律”的基本素质。

（1）“三好”素质

①管好设备。操作人员应负责管理好自己使用的设备，未经领导同意，不允许其他人员随意操作设备。

②用好设备。严格执行操作规程和维护规定，严禁超负荷使用设备，杜绝野蛮操作。

③修好设备。操作人员要配合维修人员修理设备，及时排除设备故障，及时停止设备“带病”运行。

（2）“四会”素质

①会使用。操作人员首先应学习设备的操作维护规程，熟悉设备性能、结构、工作原理，正确使用设备。

②会维护。学习和执行设备维护、润滑规定，上班加油，下班清扫，保持设备的内外清洁和完好。

③会检查。了解自己所用设备的结构、性能及易损零件的部位，熟悉日常检查，掌握检查项目、标准和方法，并能按规定要求进行日常点检查。

④会排除故障。熟悉所用设备的特点，懂得拆装注意事项及鉴别设备正常与异常现象，会做一般的调整和简单故障的排除，要能够准确描述故障现象和操作过程中发现的异常现象。自己不能解决的问题要及时汇报，并协助维修人员尽快排除故障。

（3）“五项纪律”素质

①实行定人定机、凭证操作和使用设备，遵守操作规程；

②保持设备整洁，按规定加油，保证合理润滑；

③遵守交接班制度，本班使用设备的情况，应真实准确记录在相应的记录表中，对重要情况应当面向接班人交代；

④发现异常情况立即停车检查，自己不能处理的问题，需及时通知有关人员到场检查处理；

⑤清点好工具、附件，不得遗失。

三、设备调试和操作

（一）设备的调试与试运转

设备调试与试运转是保证设备安装质量和高效运行的重要措施，是设备安装工程中不可缺少的环节。

1. 设备的调试

设备的调试是对装配和安装的设备元件、部件之间的配合状态进行调整，使其达到设计要求。其目的是使设备与系统获得最佳的运行状态。基本要求是要使最基本的元件误差允许值或系统中最基本环节的误差允许值为最小，使累计误差在允许范围内。

为做好设备调试工作，必须要进行严格地组织与管理，编制设备调试计划或程序，具体内容包括：确定调试的目的与要求；搜集有关数据，根据调试的要求确定经济合理地调整误差；确定必要的调整项目，列出明细，根据调整项目确定调试方法和程序；安排调试时间、人员、仪器和经费；调试与试验，使累计误差控制在允许范围内；整理数据，编写调试报告。

2. 设备的试运转

为检查和鉴定设备安装质量和性能，以及设备与设备、设备与系统、系统与系统的相互联系和综合能力，在设备与系统调试合格后，要进行试运转与试生产。设备试运转是一项完整的系统工程，除必须制定具体的试运转细则外，更要精心组织，做到职责明确、措施有力、准备充分、认真检查、统一指挥、行动一致。

在设备试运转前，首先要检查通讯、电源、水源、风源、气源，核对无误后，先进行单机试运转，其主要目的是要检验设备的安装质量和性能，在此基础上，再进行机组试运转、分系统试运转、联合试运转，其目的是为检验系统的综合能力及配合情况；最后进行加负荷试运转，以检验整个系统是否能达到生产的要求。

（二）交接验收

为了评定设备的安装质量，明确划分安装与使用及维修的责任，在设备安装工程竣工后，必须由主管部门组织施工单位、设计单位、使用单位和技术监督部门成立设备交接验收组，对设备及工程进行评定验收。

1. 交接验收的程序与职责

交接验收必须按照一定的程序、明确的分工和职责组织进行，主要有以下几个方面：

（1）检查工程技术档案、隐藏工程记录、调试报告和设备清册等资料。

（2）对工程标准和安装质量进行抽检，对工程质量和安全问题提出整改意见。

（3）组织安装单位和使用单位编制试运行实施计划，检查试运行情况。

（4）对安装质量进行评定，填写工程验收鉴定书。

2. 资料交接

为了对设备实行全过程管理，建立设备履历和技术档案，在工程验收时需提交下列资料：

（1）设备出厂说明书、合格证、装箱单。

（2）设备清单，包括未安装设备和已订未到的设备。

（3）装配图、随机备件图、设计施工图、安装竣工图、基础图、系统图、隐蔽工程实测图等有关图纸。

（4）调试记录、调试报告和隐蔽工程记录。

（5）施工预算和决算。

（三）编制和贯彻《操作规程》

1.《操作规程》的编制

编制《操作规程》是一名技术人员的重要工作内容。《操作规程》是培训操作人员和操作人员规范操作设备，保证设备正常运行的文件。因此，技术人员在编制《操作规程》时，必须充分了解设备的性能，掌握设备正确的操作方法，再根据现场的实际情况，制定一些必要的措施，才能编制出完善、合理的《操作规程》。前面已经讲述过操作规程应包含的内容，为了便于掌握操作规程的编制，下面以 GKT—2×2 型双滚筒提升机为例进行说明。

GKT—2×2 型提升机操作规程如下。

（1）开车前的检查

①检查螺钉、销钉和各联接部位是否有松动、损坏、偏斜。

②检查液压站和减速器的油量是否充足，做好防尘。

③检查盘式制动闸是否灵敏可靠，间隙不得大于 2 mm。

④检查深度指示器传动装置的链条、齿轮、杆件等是否灵活可靠。

⑤检查安全保护装置、电器联锁、过卷保护、松绳保护等是否正常。

⑥启动油泵检查液压制动系统，液压管路不得漏油，残压不大于 0.5 MPa，最大工作压力不大于 5.5 MPa。

⑦检查开关、导线、电阻电机等电器设备不得有水迹、杂物等。

⑧检查钢丝绳在一个捻距内，如果断丝数超过钢丝总数的10%、直径缩小达10%，或锈蚀严重，点蚀麻坑形成沟纹，中外层钢丝松动时，必须更换钢丝绳。

（2）起动操作顺序

①合上磁力站的电源刀闸（操作台上电压表应指示正常电压）。

②合上空气断路器，接通主回路电源。

③打开操作台上电磁锁，接通控制电源（此时操作零位指示灯亮）。按油泵起动按钮，起动液压站（此时油泵工作指示灯亮，油压表指示出正常的油压值），等待运行信号。

④当运行信号到来，按照信号对应的规定操作提升机上升或下放直到停车。信号规定：一停、二上、三下、四慢上、五慢下，一声长铃为紧急停车。起车时操纵制动手把缓慢前推，松开盘形闸，同时操纵调速手把逐渐前推（下放时）或后拉（上提时），以便提升机逐渐加速。

⑤在提升机加速过程中，必须密切注意挡车门的开闭情况，即观察挡车门指示灯的工作状况，同时密切关注深度指示器指针所指示的矿车运行位置，待矿车经过挡车门后方可进入全速运行。

⑥当听到停车信号后，将操作手把逐渐拉回或推向中间位置，同时逐渐拉回制动手把到起始位置，直至准确停车。

（3）提升机在运行中出现下列情况之一时，必须立即停车：

①接到紧急停车信号。

②判明矿车下道。

③在提升机运行过程中，发现挡车门指示灯指示异常。

④钢丝绳缠绕紊乱或出现钢丝绳突然跳动。

⑤机身减速箱、电机突然发生抖动或声音不正常。

⑥电气设备出现烟、火，或闻到不正常的气味。

⑦轴承或电机温度超过规定，超温保护装置发出报警声响。

（4）注意事项

①信号不清楚一律作停车信号处理。

②当全速运行发生事故紧急停车时，自事故地点到停车点的距离，上行不超过 5 m，下行不超过 10 m。

③当矿车到达终点，没有听到信号也必须立即停车。

④全速运行时，非紧急事故状态，不得使用制动手把或脚踏开关来紧急停车。

⑤除停车场外，中途停车在任何情况下均不准松闸。

⑥为保证安全运行，本提升机一次提升的负荷作如下规定：矸石、煤炭每次提 3 个矿车；材料、设备，无论上提或下放，每次均不得超过 3 个矸石矿车的重量；如果超过规定，信号工有权不发开车信号，司机有权拒绝开动提升机。

⑦在提升机运行中，副司机要经常巡视设备的运行情况，并对主司机的操作进行监护。

⑧每次更换钢丝绳、钢丝绳调头、錾头作扣后，司机和维护人员应共同对过卷开关位置，深度指示器标志进行校验。

（5）终止运行后的工作

①本班停止作业后，必须切断电源，随身带走电磁锁的钥匙。

②做好设备及室内外的清洁卫生，作到设备无油垢，室内无杂物，环境整洁、干净。

③填写好各种记录。

从上述实例可以看出，一个完整的操作规程应该有开车前的检查、启动准备、操作步骤或操作顺序、意外情况的处理、操作中应重点注意的事项和运行终止后的善后工作等内容。无论是大型设备还是简单设备的操作规程，其编制的宗旨都要求简单明确，浅显易懂、重点突出、具有可操作性。

2. 操作规程的贯彻

操作规程编制好后，作为技术人员的一项重要工作，仅完成了其中的三分之一，要让规程得到正确执行，还需要进行认真贯彻和严格检查。规程的贯彻就是对规程的学习，也就是组织设备的操作人员和相关的管理人员，将规程中的各项规定、各个操作步骤进行针对性的详细讲解，特别是要让操作人员弄清楚严格执行操作规程的必要性和不按操作规程操作可能产生的严重后果。操作规程的讲解学习可以采用理论教学和现场教学相结合的方式。

3. 操作规程的检查

在生产过程中，并不是每一个操作人员都能严格执行操作规程，也不是每一个操作规程都完美无缺，生产条件和环境的变化，都有可能导致原来的规程不再适用。因此，管理人员必须经常到现场检查情况，发现违章操作现象时要立即制止，在检查的同时，也可以发现操作规程存在的问题，以便及时修改和完善。

（四）设备完好和考核

完好设备是指设备的零部件齐全，功能正常，性能符合国家或制造厂家规定的相关标准。煤炭生产企业中，设备的完好管理和考核依据，主要是《煤矿安全规程》、《煤矿矿井机电设备完好标准》和《煤矿安全质量标准考核评级办法》等文件的相关规定。认真贯彻和严格执行这些标准和办法是保证煤矿设备完好及设备安全运行的有力措施。

1. 设备完好标准

《煤矿矿井机电设备完好标准》详细而明确地给出了各种设备的完好标准，成为检查、考核矿井机电设备管理水平的重要依据。该标准根据煤矿生产中设备使用的性质将设备分为四大类，即固定设备、运输设备、采掘设备和电气设备，每一大类均按照该类设备的共性给出了通用部分的完好标准；在每一大类中又将具有相同或相似功能的设备划分为很多小类，然后根据各类设备的特性，给出了相关的完好标准。下面以机械设备类中矿用电机车的完好标准为例给予说明。

矿用电机车完好标准如下。

（1）完好标准确定的原则

①零部件齐全完整。

②性能良好，出力达到规定。

③安全防护装置齐全可靠。

④设备整洁。

⑤与设备完好有直接关系的记录和技术资料齐全准确。

（2）窄轨电机车轮对的完好标准

①轮箍（车轮）踏面磨损余厚不小于原厚度的50%，踏面凹槽深度不超过5 mm。

②轮缘高度不超过30 mm，轮缘厚度磨损不超过原厚度的30%（取样测量）。

③同一轴两车轮直径差不超过2 mm，前后轮对直径差不超过4 mm。

④车轴不得有裂纹，划痕深度不超过2.5 mm，轴径磨损量不超过原直径的5% 。

（3）窄轨电机车制动装置的完好标准

①机械、电气制动装置齐全可靠。

②制动手轮转动灵活，螺杆、螺母配合不松旷。

③各连接销轴不松旷、不缺油。

④闸瓦磨损余厚不小于10 mm，同一侧制动杆两闸瓦厚度差不大于10 mm;在完全松闸状态下，闸瓦与车轮踏面间隙为3~5 mm;紧闸时，接触面积不小于60%；调整间隙装置灵活可靠；制动梁两端高低差不大于5 mm。

⑤抱闸式制动装置，闸带磨损余厚不小于3 mm，闸带与闸轮的间隙为2~3 mm，闸带无断裂，铜铆钉牢固，弹簧不失效。

⑥撒砂装置灵活可靠，砂管畅通，管口对准轨面中心，砂子干燥充足。

⑦制动距离应符合《煤矿安全规程》的规定。

（4）窄轨电机车控制器的完好标准

①换向和操作手把灵活，位置准确，闭锁装置可靠。

②消弧罩完整齐全，不松脱。

③触头、接触片、连接线应紧固，触头接触面积不小于60%，接触压力为15~30 N。

④触头烧损修整后余量不小于原厚度的50%，连接线断丝不超过25%。

（5）窄轨电机车电阻器的完好标准

①电阻器接线牢固无松动。

②电阻元件无变形及裂纹。

③绝缘管（板）无严重断裂，绝缘电阻不低于 0.5 MΩ。

（6）窄轨电机车集电器、自动开关、插销连接器的完好标准

①集电器弹力合适，起落灵活，接触滑板无严重凹槽。

②电源引线截面符合规定，护套无破裂、无老化，线端采用接线端子（或卡爪）并与接线螺栓连接牢固。

③自动开关零部件齐全完整，电流脱扣器要与电动机容量相匹配，整定值符合要求，动作灵敏可靠。

④插销连接器零件齐全，插接良好，闭锁可靠，无严重烧痕。隔爆型插销的隔爆面、接线符合规定。

2. 机电安全质量标准化标准

机电安全质量标准化标准即国家煤炭生产主管部门制定的《煤矿安全质量标准考核评级办法》，各煤炭生产企业可结合本企业的实际情况进行必要的补充。该标准是指导企业搞好机电管理工作的重要文件，分为两大部分，即安全质量标准化检查项目和对应的考核评分办法。检查项目分为三部分，即设备指标、机电安全和机电管理与文明生产；考核评分以百分制计，设备指标占 30 分。在设备指标大项中，与设备完好相关的检查项目及要求有：全矿机电设备综合完好率达 90%，大型固定设备台台完好，防爆电气设备及小型电气防爆率 100% 等指标。

第二节　煤矿机电设备的维护与润滑管理

设备维护保养工作是设备管理中的一个重要环节，是操作人员的主要工作内容。一台精心维护的设备往往可以长时间保持良好的性能，但如果忽视维护保养，就可能在短期内损坏或者报废，甚至发生事故，尤其是矿井主通风机、主提升机等关键设备的安全正常运行，直接关系到企业的经济效益和生产安全。因此，要使设备长期保持良好的性能和功效，延长设备使用寿命，减少修理次数和费用，保证生产需要，就必须切实做好设备的维护保养工作。设备的维护保养，主要由设备定期检查制度、设备包机制度、岗位责任制、事故分析追查制度等各种规章

制度和措施进行管理。维护保养的关键是做好设备润滑的“五定”和“三级过滤”。“五定”是指定点、定质、定量、定人、定时。“三级过滤”是指油桶到油箱、油箱到油壶、油壶到设备的倒换过程中，每一次倒换都进行过滤。

《机电设备完好标准》和《机电安全质量标准化标准》是煤矿机电专业两个重要标准。煤矿机电管理工作常常围绕着这两个标准开展工作。

一、完善制度，做好设备润滑管理

（一）建立设备的维护保养制度

1．维护保养制度

设备维护管理制度是设备管理中的一项重要软件工程，因企业和设备不同而异，没有通用的、一成不变的模式。无论是进行检查、日常维护还是定期维护，首先需要制定相应的维护管理制度，然后遵照制度执行。维护管理制度中必须明确维护的内容、维护周期，指定维护人员或责任人，提出维护要求，并制定没有完成维护工作应承担的相应处罚。

2．三级四检制

对煤矿企业而言，三级保养制中的“三级”是指矿、科、队三级对设备的三级检查。“四检”则是指矿级分管领导组织的月检，机动部门组织的旬检，设备专业管理人员、技术人员和维修工一起的日检，岗位操作人员的点检。在“三级四检”制中，机动部门的专业管理人员每天到现场，对各机房、硐室的设备进行检查，并对各队管理人员和维修工的日检及设备保养情况进行检查和督导，引导员工遵规守纪、严格执行操作规程。设备管理人员和维护保养人员在巡检中，用人体的感官对运行中的设备进行“听、摸、查、看、闻”，通过“看其表、观其型、嗅其味、听其音、感其温”的方法，对重点部位进行检查，从而判断和分析设备存在的故障和隐患。

（二）设备的润滑管理

1. 润滑管理的基本任务

做好润滑工作是全员设备管理的重要一环，润滑管理的组织机构是否健全，是润滑管理工作能否顺利进行的关键。润滑管理工作的基本任务是：

（1）确定润滑管理组织，拟定润滑管理的规章制度、岗位职责和工作条例。

（2）贯彻设备润滑工作的“五定”管理。

（3）编制设备润滑技术档案，指导设备操作工、维修工正确进行设备的润滑。

（4）组织好各种润滑材料的供、储、用，抓好润滑油脂的计划、质量检验、油品代用、节约用油和油品回收等环节，实行定额用油。

（5）编制设备的年、季、月的清洗换油计划和适合煤矿企业的设备清洗换油周期。

（6）检查设备的润滑情况，及时解决设备润滑系统存在的问题。

（7）采取措施防止设备渗漏，总结、积累治理漏油经验。

（8）组织润滑工作的技术培训，开展设备润滑的宣传工作。

（9）组织设备润滑有关新油脂、新添加剂、新密封材料、润滑新技术的实验与应用。学习、推广国内外先进的润滑管理经验。

2. 润滑工作的“五定”和润滑油的“三级过滤”

（1）润滑工作中的“五定”

设备润滑的“五定”，是指定点、定质、定量、定人、定时。具体来说就是：

①定点。按规定的润滑部位注油。在机械设备中均有规定的润滑部位、润滑装置，操作人员对设备的润滑部位要清楚，并按规定的部位注油，不得遗漏。

②定质。按规定的润滑剂品种和牌号注油，要求注油工具要清洁；不同牌号的油品要分别存放，严禁混杂。

③定量。按规定的油量注油。各种润滑部位和润滑方式都有相应的规定，并非油量越多越好，油量加注过多也会影响设备的正常运行，因此必须按照有关规定定量注油。

④定人。设备上各润滑部位，无论是由操作人员还是维护人员负责，都应明确分工，各负其责。否则就会出现漏洞。

⑤定时。是指根据设备各润滑部位的润滑要求和润滑方式，对设备定时加油、定期添油、定期换油。

（2）润滑油的“三级过滤”

企业购置的润滑油在使用过程中，一般要经过从油桶到油箱、油箱到油壶、油壶到设备储油部位的容器倒换，在这些倒换过程中，都有可能掺入尘屑等杂质。为了防止杂质随油进入设备，就要求在这三次倒换过程中每一次都进行过滤，以保证设备最终能得到清洁干净的润滑油，因此称为“三级过滤”。

设备润滑的“五定”是润滑管理工作的重要内容；润滑油的“三级过滤”是保证润滑油质量的可靠措施。搞好“五定”和“三级过滤”是搞好设备润滑工作的核心。

二、设备维护保养要求以及设备润滑

（一）设备维护保养的要求

设备维护保养的要求，可用 8 个字来概括，即“整齐”、“清洁”、“润滑”、“安全”。

1. 整齐

要求工具、工件、材料、配件放置整齐；设备零部件及安全防护装置齐全；各种标牌完整、清晰；管道、线路安装整齐、规范，安全可靠。

2. 清洁

没备内外清洁，无黄袍、油垢、锈蚀、无铁屑物；各部位不漏油、不漏水、不漏气、不漏电；设备周围地面经常保持清洁。特别是对于井下设备，由于环境潮湿、粉尘浓度大，更要注意保持设备的清洁，否则将导致设备故障率增高。

3. 润滑

按时按质按量加油，不能图省事而一次加油量过多；保持油标醒目；油箱、油池和冷却箱应保持清洁；油枪、油嘴齐全，油毡、油线清洁；液压泵工作压力正常，油路畅通，各部位轴承润滑良好。

4. 安全

尽可能实行定人定机的设备包机制度和交接班制度，掌握“三好四会”的基本功，遵守规程和“五项纪律”，合理使用，精心维护，注意异常，不出人身和设备事故，确保安全使用设备。

（二）设备的润滑

1. 摩擦与润滑

摩擦：当两个物体表面接触并发生相对运动时，接触表面会由于接触点弹性变形和塑性变形的存在而产生阻止这种相对运动的效应，称为摩擦。

润滑：在相互接触、相对运动的两个物体摩擦表面间加入润滑剂，将摩擦表面分开的方法称为润滑。

2. 润滑的分类

根据润滑膜在物体表面的润滑状态分为：无润滑、液体润滑：边界润滑和混合润滑。

根据摩擦物体表面间产生压力膜的条件分为：液体或气体动力润滑和液体或气体静压。

根据润滑剂的物质形态分为：气体润滑、液体润滑、固体润滑和半流体润滑。

3. 润滑剂的作用

（1）润滑作用。改善摩擦状况，减少摩擦，阻止磨损，降低动力消耗。

（2）冷却作用。在摩擦时产生的热量，大部分可以被润滑油带走，能起到散热降温的作用。

（3）冲洗作用。接触物体表面磨损下来的金属屑可被润滑油带走，防止金属屑在接触表面破坏润滑油膜而形成磨粒磨损。

（4）密封作用。润滑油和润滑脂能够隔离空气中的水分、氧气和有害介质的侵蚀，从而起到对摩擦表面密封的作用，防止产生腐蚀磨损。

（5）减振作用。摩擦件在油膜上运动，好像浮在“油枕”上一样，对设备的振动有很好的缓冲作用。

（5）卸荷作用。由于摩擦面间的油膜存在，作用在摩擦面上的负荷就能比较均匀地通过油膜分布在摩擦表面上，起到分散负荷的作用。

（7）保护作用。可以防止摩擦面因受热产生氧化和腐蚀性物质对摩擦面的损害，起到防腐防尘的作用。

4.GKT—2×2 型双滚筒提升机主要部件的润滑

单绳缠绕式提升机和多绳摩擦式提升机的部件较多，需要进行润滑的部件也很多，下面选择几个较典型的部件来介绍其润滑。

（1）滑动轴承的润滑

①润滑方式的选择

润滑方式的选择可根据系数 k 来选定：

$$k=\sqrt{P_{m^{v2}}}$$

式中：p_m——轴颈的平均压力，MPa；

v——轴颈的线速度，m/s。

通常，当 $k\leqslant 6$ 时，用润滑脂，一般油杯润滑；当 k>6~50 时，用润滑油，针阀油杯润滑；当 k>50~100 时，用润滑油，油杯或飞溅润滑，需用冷却剂冷却；当 k>100 时，用润滑油，压力润滑。

②润滑油黏度及牌号的选择

润滑油黏度的高低是影响滑动轴承工作性能的重要因素之一。由于润滑油的黏度随温度的升高而降低，因此，所选用的润滑油应具有在轴承工作温度下，能形成油膜的最低黏度。

矿井提升机主轴滑动轴承的常用润滑油牌号，是根据主轴轴颈线速度的大小、轴颈压力的大小及工作温度的高低来选择的。

③润滑脂的选用

滑动轴承对油脂的要求如下：

a．当轴承载荷大，轴颈转速低时，应选择针入度较小的润滑脂；反之，应选针入度较大的润滑脂。

b．润滑脂的滴点一般应高于工作温度 20~30 ℃。

c．滑动轴承如在潮湿环境工作时，应选用钙基、铝基或锂基润滑油脂；如在环境温度较高的条件下，可选用钙—钠基润滑油脂或合成润滑脂。

d．应具有较好的黏附性能。

（2）滚动轴承的润滑

①润滑油黏度及牌号的选择

滚动轴承所有的润滑油，其黏度的选择应根据轴承的直径的大小、转速的高低和工作温度来选用。可从滚动轴承润滑油黏度表中查出相应的润滑油牌号。

不同结构形式的轴承，因其承受载荷的性质不同，所以对润滑油黏度的要求也不同，它们的最低黏度要求如下：球轴承与滚子轴承 0.000 012 m^2/s；向心球面滚子轴承 0.000 02 m^2/s；向心推力球面滚子轴承 0.000 032 m^2/s。

②滚动轴承填入润滑脂时应注意的要点如下：

a．轴承里要充填满，但不应填满外盖以内全部空间的 1/2~1/3；

b．对装在水平轴上的一个或多个轴承，要填满轴承里面和轴承之间的空间，但外盖里的空间只填全部空间的 2/3~3/4；

c．对装在垂直轴上的轴承，要填满轴承里面，但上盖则只填空间的一半，下盖只填空间的 1/2~3/4；

d．在易污染的环境中，对低速或中速轴承，要把轴承和盖里全部空间填满。

以上是装润滑脂的一般参考数据。如果运转后轴承温升很高，应该适当减少装脂数量。

（3）钢丝绳的润滑

钢丝绳润滑的作用是：减轻磨损、增加挠性和防止腐蚀生锈。提升钢丝绳多以麻芯作为绳芯，且绳芯都没浸过油，外表均涂过油脂。工作中，钢丝绳受到弯曲、挤压、拉伸等作用，储存在绳芯中润滑油被挤出来，而使钢丝间和绳股间得到润滑。由于绳芯中的储油量不断减少，外表的油脂保护层在日晒、水淋、冰冻和摩擦中逐渐失散、变质，钢丝绳的磨损会越来越快。因此必须对钢丝绳进行经常性的润滑工作。

①润滑材料的选择

钢丝绳对润滑材料的要求是：具有抗高温和耐低温的性能；具有较好的粘附性和渗透、润滑、防锈性能；具有抗水性能，遇水不乳化等。

②润滑方式

钢丝绳一般采用手工刷涂抹的润滑方法，少数用机械方法，缠绕式提升钢丝绳每半月要涂抹一次，摩擦式提升钢丝绳每 20 天涂抹一次。

③润滑剂的消耗量

润滑剂的消耗量取决于钢丝绳的直径和长度，绳芯浸油的消耗量约为每毫米直径、每米长度 3 g，表面涂脂的消耗量约为每毫米直径、每米长度 5 g。例如一根直径 30 mm、长度 100 mm 的钢丝绳，其浸油时的消耗润滑油为 9 kg，表面一次涂脂的消耗量为 15 kg。

（4）齿轮减速器的润滑

减速器齿轮的润滑应根据齿轮承受的压力、速度和环境及工作条件来选用。一般来说齿轮所承受的压力较其他工作零件要高得多，所以应采用较高承压能力的齿轮油。

利用飞溅润滑时其齿轮的圆周速度应小于 12 m/s。在单级减速器中，大齿轮浸油深度为 1~2 倍齿高；在多级减速器中，各级大齿轮均浸入油中；高速级大齿轮浸油深度约为 0.7 倍齿高，但一般不超过 10 mm。当不能同时浸入油中时，就须采用甩油惰轮、甩油盘和油环等措施。利用循环润滑法时，供给齿轮面的油量由供给油所带走的热量来决定，若以齿轮箱中轴承温度不超过 55 ℃，返回油箱的油温不超过 50 ℃为基准，此时供油量可按齿宽每 1 cm 给润滑油 0.45 L / min 来确定。

三、设备维护保养和润滑耗油定额

（一）设备的维护保养

设备的维护保养工作，主要是设备的检查、维护和保养。

1. 设备的检查

设备的检查是做好维护保养工作的关键。通过检查，可以发现设备存在的隐患并及时处理，将设备故障阻止在初发时期，防止设备损坏的态势进一步恶化，从而有效防止设备事故的发生。煤矿机电设备种类繁多，需要检查和随时关注的部位和参数也很多，可以将其分为机械设备和电气设备两类，主要检查内容分别为：

（1）机械设备

①检查轴承及相关部位的温度、润滑和振动情况。

②听设备运行的声音，有无异常撞击或摩擦的声音。

③看温度、压力、流量、液面等控制计量仪表及自动调节装置的工作情况。

④检查传动皮带、钢丝绳是否坚固，断丝是否超过标准，绳卡是否牢固。

⑤检查冷却水量、水温是否正常。

⑥检查安全装置、防护装置、事故报警装置是否正常完好。

⑦检查设备安装基础、地脚螺栓及其他连接螺栓有无松动或因遣接松动产生振动。

⑧检查各密封部位是否有渗漏、泄漏。

（2）电气设备

①检查设备的电流、电压、温度、绝缘等参数是否正常。

②检查是否有异常声响或异常振动。

③检查油浸变压器、断路器的油位是否正常或变质，吸潮剂是否变色。

④检查各种接线是否坚固、可靠。

⑤检查各种电气保护功能是否正常。

⑥检查各种安全防护设施是否齐全。

⑦检查是否有放电现象。

2. 设备的维护保养

依据进行维护保养的时间划分，维护保养工作一般分为日常维护和定期维护。

（1）日常维护

日常维护主要是指在设备日常运转过程中每个班对设备进行的维护，由操作人员完成。要求在当班期间做到：班前对设备的各部位进行检查，按规定进行加油润滑；班中要严格按照操作规程使用设备，时刻注意设备的运行情况，发现异常要及时处理。日常维护主要针对有人值守、长期运行的设备，如通风机、空气压缩机等设备。

（2）定期维护

定期维护是由设备主管部门以计划形式下达的任务，主要由专业维修人承担，维护周期需要根据设备的使用情况和设备的新旧程度而定。一般为1~2个月或实际运行达到一定的时数。煤矿生产由于区域广、设备多，许多设备可能较长时间不运行，也无人值守，因此一般采用定期维护的方法。

定期维护的内容包括保养部位和关键部分的拆卸检查，对油路和润滑系统的清洗和疏通，调整各转动部位的间隙，紧固各紧固件和电气设备的接线等。

（二）设备润滑的耗油定额

认真制定合理的设备润滑耗油定额，并严格按照定额供油，是搞好设备润滑和节能的具体措施。

1. 耗油定额的制定方法

（1）耗油定额的确定，基本上采用理论计算与实际标定相结合的办法。

（2）按照国家标准和产品出厂说明书的要求，制定耗油定额。如压缩机可按 JB770-1965 选定耗油定额。

（3）对于实际耗油量远远大于理论耗油量的设备，可根据实际情况暂定耗油定额，并积极改进设备结构，根治漏损后再调整定额。

2. 几种典型设备耗油定额的确定

（1）滚动轴承

滚动轴承润滑油消耗量，可根据以下公式计算：

$$Q=0.075DL$$

式中：Q——轴承耗油量，g/h；

D——轴承内径，cm，

L——轴承宽度，cm。

滚动轴承填入润滑脂时应注意的要点：

①轴承里要充填满，但不应填满外盖以内全部空间的1/2~1/3。

②对装在水平轴上的一个或多个轴承，要填满轴承里面和轴承之间的空间，

但外盖里的空间只填全部空间的2/3~3/4。

③对装在垂直轴上的轴承，要填满轴承里面，但上盖则只填空间的一半，下盖只填空间的1/2~3/4。

④在易污染的环境中，对低速或中速轴承，要把轴承和盖里全部空间填满。

以上是装润滑脂的一般参考数据。如果加油量过多，会使轴承温度升高，增加能量消耗。轴承的转速越高，充装量应越少。

（2）压缩机

压缩机的润滑部位主要是汽缸和填料处。按照活塞在汽缸内运动的接触面积及活塞杆与填料接触面积来计算，并随压力的增加而上升。汽缸耗油量的计算公式为：

$$g_1=1.2\pi D(S+L_1)nK$$

式中：g_1——汽缸耗油量，g/h；

D——汽缸直径，m；

S——活塞行程，m；

L_1——活塞长度，m；

n——压缩机转速，r/min；

K——每1001112摩擦面积的耗油量。

高压段填料处的耗油量计算公式为：

$$g_2=3\pi d(S+L_2)nK$$

式中：g_2——填料处耗油量，g/h；

d——活塞杆直径，m；

L_2——填料的轴向总长度，m。

一台压缩机总耗油量为各汽缸、填料耗油量之和。新压缩机开始使用时，耗油要加倍供给，500 h后再逐渐减少到正常值。

第三节　煤矿机电设备的维修管理和备件管理

一、煤矿机电设备的检修管理

（一）煤矿机电设备的检查管理

设备检修管理包括设备检查和设备修理两部分的管理工作，是设备维修管理的主要内容，其目的是通过预防性检查、精度检验、技术性能测定等工作，以较少的人力和物力资源，使设备在使用期内，故障少，有效利用率高，能可靠地运行和完成规定的功能，满足企业生产经营目标的要求。

设备的检查是掌握设备磨损规律的重要手段，是维修工作的基础。通过检查可以全面地掌握机器设备的技术状况及其变化，及时查明和消除设备的隐患。针对检查发现的问题，提出改进设备维护工作的措施，为计划预防性修理、设备技术改造和更新的可行性研究提供物质基础，有目的、有针对性做好设备修理前的各项准备工作，以提高设备的修理质量，缩短修理时间，保证设备长期安全运转。为此，设备检查要做到及时、准确，不影响设备运行精度和性能，检查费用和生产影响要少，并根据设备的结构特点、易发故障部位和故障类型、零件故障规律，以及设备的工艺和安全要求等，确定设备的检查项目、检查部位、检查内容、检查标准、检查时间和检查方法等。

1. 设备检查类型及方法

（1）设备检查的类型

①设备维护保养检查

设备维护保养检查是指由操作人员和维修人员结合日常和定期维护保养进行的检查，如班检、日检、月检等。

②安全预防性检查

安全预防性检查是指由专职人员为预防机电、运输、提升、排水、通风、压风和采掘等设备事故和人身事故所进行的必要检查。矿井主要电气设备、固定设备的安全检查项目及内容等要严格遵守《设备检修手册》的要求。

③预防维修检查

预防维修检查是预防零件故障和设备其他故障，为预防修理或更换提供依据的检查，包括定期预防维修检查和修理前检查。

④设备精度检验和技术性能测定

设备精度检验和技术性能测定是指为确定设备加工精度和设备的技术性能状态而进行的检查，矿井主要设备的技术性能测定一定要遵守《设备检修手册》的要求。

⑤故障诊断检查

故障诊断检查是指对设备的异常状态和故障进行诊断的不定期检查。

（2）设备检查标准及方法

①设备检查的标准

设备检查的标准是指设备和零件正常状态时的技术参数和性能、设备故障状态和劣化状态的判断标准、需要更换或修理的零件的技术参数界限值等。有了标准才能判断异常、劣化程度及确定需要更换修理的零件和时间。各种检查标准可参考有关的《煤矿安全规程》《设备完好标准》《检修规程和质量要求》等。

②设备检查的方法

直接检查和间接检查：设备检查的方法有直接检查和间接检查，有在运转中检查测试、停机检查测试和拆卸检查测试等，检查前要准备所需仪器和工具。对重要部位的拆卸检查，必须按照检修工艺规程进行，以保证设备的精度、技术性能和工作安全。

设备的监测检查：设备的监测技术或叫诊断技术，是在设备检查的基础上迅速发展起来的设备维修和管理方面的新兴工程技术。通过科学的方法对设备进行监测，能够全面、准确地把握设备的磨损、老化、劣化、腐蚀的部位和程度以及其他情况。在此基础上进行早期预报和跟踪，可以将设备的定期保养制度改变为更有针对性的、比较经济的预防维修制度。一方面可以减少由于不清楚设备的磨损情况而盲目拆卸给机器带来不必要的损伤；另一方面也可以减少设备停产带来的经济损失。对设备的监测检查可分为以下几种情况：单件监测检查。对整个设备有重要影响的单个零件，进行技术状态监测，主要用于设备的小修。分部监测检查。对整个设备的主要部件，进行技术状态监测，主要用于设备的中修。综合监测检查。对整个设备的技术状态进行全面的监测、研究，包括单件、分部监测内容，主要用于设备的大修。

（3）设备检查周期的制定方法

定期检查的检查间隔时间称为检查周期。有3种制定方法：

①根据设备检修制度的要求和有关规程的规定来确定。

②根据生产和安全的重要性，生产工艺和过程的特点，设备和零部件的故障规律，季节性的要求及经济性来确定。如班检、日检、月检、季检、半年检、年检等。

③根据经济性技术参数计算设备检查周期。当设备每次检查费用平均值为 C_2，设备出现故障后单位时间的损失为 C_1，设备故障率为 λ，则检查周期 T_0 为：

$$T_0=\sqrt{\frac{2C_2}{\lambda C_1}}$$

2. 维修方式和方式选择

（1）维修方式

设备维修是为了保持和恢复设备完成规定功能的能力而采取的技术活动，包括维护和修理。现代设备管理强调对各类设备采用不同的维修方式，在保证生产的前提下，合理利用维修资源，达到设备寿命周期费用最经济的目的。设备维修常用的方式有：

①事后维修

事后维修是在设备发生故障后，或设备的性能、精度降低到不能满足生产要求时才进行的修理。又称为被动修理。对设备采用事后修理，会发生非计划停机，对主要生产设备还要组织抢修，所造成的生产损失和修理费用都比较大。因此，它仅适合不重要的设备的维修。

②预防维修

预防维修一般指对重点设备，以及一般设备中的重点部位，按事先规定的修理计划和技术要求进行的维修活动，称为预防维修。对重点设备实行预防维修、预防为主的策略，是防止设备性能、精度恶化，是抓好维修工作的关键。预防维修包括以下几种维修方式。

定期维修：定期维修是在规定时间的基础上执行的预防维修活动，是在设备发生故障前有计划地进行预防的检查与修理，更换即将失效的零件，处理故障隐患，进行必要的调整与修理。它具有周期性特点，根据设备零件的失效规律，事先规定修理周期、修理类别、修理内容和修理工作量。

状态监测维修：状态监测维修是一种以设备技术为基础，按实际需要进行修理的预防维修方式。它是在状态监测和技术诊断基础上，掌握设备恶化程度而进行的维修活动，使之既能延长和充分发挥零件的最大寿命，又能提高设备使用率，创造最大生产效益。

改善维修：改善维修是为消除设备先天性缺陷或频发故障，对设备局部结构和零件设计加以改进，结合修理进行改装，以提高其可靠性和维修性的措施，称为改善维修。设备改善维修与技术改造是不同的，主要区别为：前者的目的在于改善和提高局部零件的可靠性和维修性，从而降低设备的故障率和减少维修时间和费用；后者的目的在于局部补偿设备的无形磨损，从而提高设备的性能和精度。

（2）维修方式的选择

选择设备维修方式，不仅要从经济上考虑故障损失（产量损失、质量损失、设备损失）和维修费用，还要考虑生产类型、工艺特点和影响范围等。可依据故障类型、零件特点、对设备的综合评价和维修费用等分类选择设备的维修方式。

①按故障类型和零件特点选择

设备故障从不同的角度进行分类，有助于对不同类型的故障，采取相应的维修方式。其特点是：一是设备发生故障不能预测，设备发生故障后通常采取事后修理方式；二是设备故障发生前是可以预测的，通过运行监视和保护系统可以提前防范，这类设备多采取定期维修、改善维修和预测维修方式；三是根据设备维修费用（零件费、检查费、工时费和零件的复杂性）、故障造成的损失及安全性的要求选择维修方式。维修方式的选择原则是：

维修费用高的复杂更换件和不宜拆卸的精密零件，可采用预测维修；有时也采用故障维修，使零件得到充分利用。

维修费用低、简单可更换的一般性零件，可采用定期维修。

简单可更换的易损件，可在检查的基础上进行更换。

故障率高的复杂更换件，可采用改善维修，或采用组件更换。

永久性部件如机壳、汽车底盘、水泵底盘、提升机机架等，可采用检查基础上，进行针对性维修。

不影响生产和安全的简单可换件，可采用事后修理。

②按设备分类选择维修方式

根据综合评分将设备分为三类，即重点设备、主要设备和一般设备。重点设备实施预防维修和定期维修，占总数的10%左右；主要设备实施定期维修，其关键设备实施预防性维修；一般设备实施事后修理。现代设备管理主张所有设备都要实施预防性维修和定期维修方式，尽可能地避免事后修理。

③维修方式的经济性

对设备故障的事后修理、定期维修和预测维修的选择，还要考虑一个重要指标，即维修的经济性。对3种维修方式单位时间费用进行比较，才能使设备故障的维修方式更合理。计算公式如下：

事后维修费用 F_1

$$F_1=\frac{C_1}{T_1}+\frac{1}{T_1}t_1C_4+C_4$$

定期维修费用 F_2

$$F_2=\frac{C_2}{T_2}+\frac{1}{T_2}t_2C_4+K_1$$

预测维修费用 F_3

$$F_3=\frac{C_3}{T_3}+\frac{1}{T_3}t_3C_4+K_2$$

式中：F_1，F_2，F_3——事后、定期、预测维修费用，元 /h；

T_1，T_2，T_3——平均故障间隔期 (MTBF)，h；

t_1，t_2，t_3——故障的平均停机时间（修复时间），h；

C_1，C_2，C_3——每次故障的平均修理费用，包括零件费、工时费和附加材料费，元；

C_4——单位时间故障停机损失费，元 /h；

K_1——1 个修理周期内的预防检查和大、中、小修的单位时间平均费用，元 /h；

K_2——1 个监测周期内的预防性检查、状态监测和针对性修理的单位时间平均费用，元 /h。

对于同一台设备，由于定期维修和预测维修可以消除故障和隐患，故障率降低，显然 $T_3 \geqslant T_2>T_1$；较大的故障可以得到预防，一般地 $C_3 \leqslant C_2<C_1$ 和 $t_3 \leqslant t_2<t_1$。上述 3 个公式中的第一、二项为故障停机单位时间费用损失。

当 $F_1>F_2 \geqslant F_3$ 时，可采用定期修理和预测修理；当 $F_1<F_2 \leqslant F_3$ 时，可采用事后修理。采用定期维修和预测维修，需在降低故障率和故障程度，减少故障停机损失上有较大效果，才能显出其经济性。

只有当定期维修更换一个零件的平均费用与事后修理更换一个零件的平均费用之比 K<0.2 时，定期维修才比事后维修费用低；当 K=0.1 时，大约可以降低 25% 的费用。

矿山生产是在一个复杂的环境中进行，经济性只是选择维修的一个指标，由于安全和其他因素，必须采用费用较高的定期维修和预测维修。

3. 设备点检制和维修制度

（1）设备点检制

点检制是把设备检查工作规范化、制度化的管理制度，它是在设备需要维修的关键部位设置检查点，通过日常检查和定期检查，及时、准确地获取设备的技术状态信息，作为维护的依据，实施定期预防维修或预测维修。随着设备状态监测技术的发展，扩大了检测的信息量，提高了点检的可能性。

①实行点检制的准备工作

编制设备点检基准表：点检基准表中要确定设备点检单位、点检项目、点检内容、点检周期、点检人员等。

编制点检作业表：点检作业表是根据点检基准表编制的日常点检和定期点检的作业记录表，是列有点检内容和点检记录的空白表格。每天填写一张，填写时要按照检查周期和设备状态，用符号标记在空白表格内。

技术培训：对点检人员进行技术培训，明确点检意义、目的和内容，掌握点检和标准，学会填写点检作业记录表。

②点检的实施

明确组织分工，建立点检工作系统。

定期对点检记录进行检查和整理。

根据日常和定期点检记录，对设备技术状态和故障隐患进行分析，编制预防修理计划，确定大修理的设备，提出备件和维修用工料计划。

做好点检资料的分类、归档和保管工作。

（2）设备维修制度

设备维修制度具有维修策略的含义。现代设备管理强调对各类设备采取不同的维修制度，强调设备维修应遵循设备物质运动的客观规律，在保证生产的前提下，合理利用维修资源，达到寿命周期费用最经济的目的。

①事后维修制度

事后维修是在设备发生故障后或性能精度不能满足生产要求时进行维修。采用事后维修制度修理策略是坏了再修，可以发挥零件的最大寿命，使维修经济性好，但不适用于对生产影响较大的设备，一般适用范围：对故障停机后再修理不会给生产造成损失的设备；修理技术不复杂而又能及时提供备件的设备；设备利用率低或有备用的设备。

②预防维修制度

预防维修制对重点或主要设备实行预防维修、预防为主。预防维修有以下几种维修方式。

定期维修制度：我国目前实行的设备定期维修制度主要有计划预防维修制、计划预防检修制和计划保养制三种。

计划预防维修制：它是根据设备的磨损规律，按预定修理周期及其结构对设备进行维护、检查和修理，以保证设备正常运行。主要特征是：按规定要求，对设备进行日常清扫、润滑、紧固和调整等，以延缓设备磨损，保证设备正常运行；按规定的日程表对设备的运行状态、性能和磨损等进行定期检查和调整，以及时消除设备隐患，保证设备完好运行；有计划有准备地对设备进行预防性修理，定期对设备进行大、中、小修等。

计划预防检修制度：它是由班检、日检、周检、月检（称“四检”）、日常检修（中修、项修、年修）、大修理及停产检修等组成。主要特征是：把设备检查和日常维修列为预防检修的首要内容，规定主要大型设备日检不能少于1~2 h，周检每次不少于2~3 h，月检每次不少于3~5 h，采掘设备每天要有4~6 h的检修时间，矿山重要设备每天要保证2~4 h的检修时间，并规定全年有12~15 h的停产检修日；规定严格的安全预防检查和试车项目、内容、时间和制度，保证矿井安全生产；突出了以检修为基础的针对性修理，以保证设备正常运转，降低维修费用。

计划保养修理制度：它是把维护保养与计划检修结合起来的一种修理制度。主要特征是：根据设备使用的技术要求和设备结构特点，按设备运行（产量、公里）参数，制定相应的保养类别和修理周期；在保养的基础上，制定设备不同的修理类别和修理周期；当设备运转到规定时限时，要严格对设备进行检查、保养和修理。

状态监测维修制度：在技术监测和诊断的基础上，掌握设备运行质量的进展情况，在高度预知的情况下，适时安排预防性修理。这种维修能充分掌握维修活动的主动权，做好修前准备，协调安排生产与检修工作。它适合于重要设备，利用率高的精、大、稀有设备等。现代设备管理条例要求企业应当积极地采取以状态监测为基础的设备维修方式。

改善维修制度：为消除设备先天性缺陷或频发故障，对设备局部结构和零件进行改进，结合修理进行改装以提高其可靠性和维修性措施。

（二）煤矿机电设备的修理管理

设备修理是为了保持和恢复设备完成规定功能的能力而采取的技术活动，包括事后修理和预防修理两大类。预防修理按设备修理工作量的大小、修理内容和恢复性能标准的不同，将设备修理分为小修、中修、项修、大修等。

小修：按设备定期维修的内容或针对日常检查（点检）发现的问题，部分拆卸零部件进行检查、修理、更换或修复少量磨损件，基本上不拆卸设备的主体部分。通过检查、调整、紧固机件等手段，以恢复设备的正常功能。小修的工作内容还包括清洗传动系统、润滑系统、冷却系统，更换润滑油，清洁设备外观等。小修一般在生产现场进行。

中修：中修与大修的工作量难以区别，我国很多企业在中修执行中普遍反映“中修除不喷漆外，与大修难以区分”。因此，许多企业已经取消了中修类别，而选用更贴切实际的项修类别。

项修：项修是根据对设备进行监测与诊断的结果，或根据设备的实际技术状态，对设备精度、性能达不到工艺要求的生产线及其他设备的某些项目、部件按需要进行针对性的局部修理。项修时，一般要部分解体和检查，修复或更换磨损、失效的零件，必要时对基准件要进行局部刮削、配磨和校正坐标，使设备达到需要的精度标准和性能要求。

在实际计划预修制中，有两种弊病：一是设备的某些部件技术尚好，却到期安排了中修或大修，造成过剩修理；二是设备的技术状态劣化已不能满足生产工艺要求，因没到期而没有安排计划修理，造成失修。采用项修可以避免上述弊病，并可缩短停修时间和降低检修费用。

大修：大修理是为了全面恢复长期使用的机械设备的精度、功能、性能指标而进行的全面修理。大修是工作量最大的一种修理类别，需要对设备全面或大部分解体、清洗和检查，采用新工艺、新材料、新技术等修理基准件，全面更换或修复失效零件和剩余寿命不足一个修理间隔的零件，修理、调整机械设备的电气系统，修复附件，重新涂装，使精度和性能指标达到出厂标准。大修更换主要零件数量一般达到30%以上，大修理费用一般可达到设备原值的40%~70%。

设备的项修、大修和停产检修的工作量大、质量要求高，而且有一定的设备停歇时间限制，为了保质、保量和按时完成修理工作任务，应当做好设备修理前的准备工作、检修作业实施、修理文件的档案归档管理及竣工验收等。

1. 设备检修计划的种类和编制

（1）设备检修计划的种类

设备检修计划按时间分为年度计划、季度计划和月度计划；按检修性质类别分为大修计划、项修计划、改善维修计划、技术改造计划、矿井停产检修计划等；按检修目的分为设备合理修理计划、安全预防性检查和验收计划、设备性能测定计划等。

①年度计划

年度计划要编制年度内一年的设备检修项目和检修工作量，并按季、月等分别安排。安排设备检修计划的重点是年度计划，年度计划的重点是设备大修计划，能列入年度计划的大修设备，其大修资金才有保证。年度计划可作为计划年度的资金平衡，是编制企业材料和备件的依据。

②季度计划

季度计划是年度计划的分解，是按季度进一步调整和落实年度检修计划。在季度计划中要分月落实检修项目、数量和工作量，并落实检修用的主要材料和备件计划。

③月度计划

月度计划是年度计划的具体执行计划，要求比较详细地编写检修项目、检查内容、开竣工时间、工作量、材料及备件用量等，并落实到区（队）和班组。

④滚动计划

明年的年度检修计划上报后，一般要在本年度的12月份才能批准下达到矿，这使明年的年度计划中的第一季度检修工作准备不够充分，引入滚动计划来弥补这一不足。编制滚动计划，可在每年6月份着手考虑明年的年度检修计划，到8月份可基本确定，本年的第四季度就要做好明年第一季度的检修准备工作。这样提前半年考虑检修计划，提前一个季度做好准备，不断向前滚动。滚动计划可参考月度计划。

（2）编制检修计划的依据

矿井设备检修计划编制的依据是设备检修工作量、检修资源量（劳动力、时间、资金、装备等）。

①设备检修工作量

设备检修工作量有确定型的计划检修工作量和随机型的计划外检修工作量。计划检修工作量有在线（运转）设备、离线设备检修工作量，新采区、新采掘工作面安装工作量设备改善维修、技术改造和环保工程工作量；计划外检修工作量有故障停机修理和其他抢修工作量等。设备检修工作量是编制确定的，可以预计的检修工作量，在检修资源上给计划外检修留有余地。计划检修工作量有：

按设备修理周期结构、检修周期和状态监测确定的在线固定设备的大修、项修、年修和预检工作量，状态监测工作量。

按检修周期规定的固定设备的备台轮换检修工作和季节性检修工作量。

井下采掘、运输移动设备和电气设备的离线备台和部件的检修工作量。

采区和采掘工作面结束的升井设备大修、项修工作量。

新采区、新采掘工作面的设备准备和安装工作量。

《煤矿安全规程》及其他有关安全规程规定的各项定期安全性预防检修和试验的工作量。

定期的设备技术性能测定工作量。

其他可以预计的设备检修工作量分设备、修理类别、检修项目统计所需工时或工日工作量，大修设备要预算大修费用。

②检修资源量

矿井的检修资源量代表了所具备的检修能力，编制检修计划时，要进行检修工作量与检修资源的平衡工作。

在年度计划中，以大修费用资源核定大修项目，使大修项目与检修费用平衡。

进行年、季、月度检修工作量与劳动力资源平衡，劳动力资源为所能提供的检修工时量。

车间劳动力资源不足的，可先在企业内部有关车间、区队进行检修工作量平衡；内部劳动力资源不足的，可进行外协委托大修；劳动力资源富余的，可劳务输出。

检修装备资源与检修项目平衡，检修装备水平能达到的或有检修许可证的，对一些设备的大修、项修或年检可内修；装备水平和检修工人技术水平达不到的或没有检修许可证的，则需外委。

年、季、月度的计划检修工作量与相应计划期间的检修时间资源平衡，检修时间资源，主要是指可供检修的设备、固定设备的停歇时间。离线的井下采掘、运、通和电气备用设备、采区和工作面结束后升井检修设备、固定设备的备台、季节性运转的设备都有可计划安排的检查时间资源，在线连续运转的无备用设备，有全年12~15 d的停产检修时间和每天2~6 h的停运检修的生产间隙时间。计划检修工作量与计划检修时间资源在总量上平衡外，重点是单台设备的平衡，特别是在线连续运转无备台设备每次计划停歇时间和计划检修工作量的平衡，如一次停歇时间不足以完成大修或项修工作量，可分次、分部安排检修计划，也可采取部件、组件或成套更换。

③检修日期

设备检修日期是编排季度和月度检修计划的依据。设备的检修日期按设备检修周期、设备备用的轮换检修日期、预防检查周期、季节性设备检修日期、矿井采掘工程计划中工作面搬家日期等，分月度编排设备检修项目和矿井停产检修时间。

（3）设备检修计划编制程序

①编制时间

矿井设备检修计划随矿井生产计划编制时间进行，年度计划在每年9月份着手进行编制，重点设备的轮换检修日期、重点的设备技术改造和环保工程等，12月份以前由生产计划部门下达下一年度的设备检修计划。

下季度检修计划在本季第二个月编制，重点落实矿井停产检修日期及需要检修项目，在季末月10日前下达下一个季度检修计划。月度计划在每月中旬开始编制，20日前下达下月检修计划。

②编制程序

收集资料：在计划编制前，要做好资料搜集和分析工作。主要包括两个方面：一是设备技术状态方面的资料，如定期检查记录、故障修理记录、设备普查技术状态及有关产品的工艺要求、质量信息等，以确定修理类别；二是年度生产大纲、设备检修定额、有关设备的技术资料及备件库存情况。

编制草案：在正式提出年度修计划草案前，设备管理部门应在主管厂长或总工程师的主持下，组织工艺、技术、生产等部门进行综合的技术经济论证，力求达到综合的必要性、可靠性和技术经济性基础上的合理性。

平衡审定：计划草案编制完毕后，分发生产、计划、工艺、技术、财务及使用部门讨论，提出项目的增减、修理停产时间长短、停机交付修理日期等各类修改意见，经过综合平衡，正式编制出修理计划，由设备管理部门负责人审定，报主管矿长批准。

下达执行：每年12月份以前，由企业生产计划部门下达下一年度设备修理计划，作为企业生产、经营计划的重要组成部分进行考核。

2. 设备大修计划和矿井停产检修计划

（1）设备大修计划

①年度设备大修计划

矿井固定设备因基准零件磨损严重，主要精度、性能大部分丧失，必须经过全面修理才能恢复其效能。其中多采用新技术、新工艺、新材料等技术措施，因此其修理工作量较大，大修计划更应详细。

②设备大修理计划的编制

设备大修理计划的编制是先由主管设备大修的技术人员会同使用单位，根据设备技术状态提出大修草案，经矿机电、计划、供应和财务等部门会同审核同意后，由矿机电负责人确定，上报批准。

（2）矿井停产检修计划

编制矿井检修计划要根据矿井生产计划确定停产日期和停产时间，对检修项目的工作量、检修人员、主要材料和备件供应、检修所需时间和停产时间等进行综合平衡。

3. 设备修理定额

设备修理定额包括劳动定额、材料消耗定额、修理费用定额和设备停歇时间定额。由于设备修理工作的差异性较大，设备修理定额一般是以大修内容为准进行制定，部分修理或中、小修，可按大修的定额打折制定。设备修理定额是核定用工、计发奖金、核定材料消耗和编制用料计划、控制维修费用和考核劳动成果的依据，也是对外劳务收费的依据。因此，修理定额应达到合理先进水平，以促进维修、降低费用。

（1）设备修理工时定额

①设备修理复杂系数

设备修理复杂系数是用来衡量设备修理复杂程度和修理工作量大小以及确定各项定额指标的一个参考单位。

煤矿使用的通用机械、电气设备的修理复杂系数，可按下列方法确定：

一是出口压力为0.8 MPa的L型空压机复杂系数以进口流量分：10 m^3/min为17～17.3，20 m^3/min为21.5～22.5，40 m^3/min为33.5，60 m^3/min为45.8，100 m^3/min为56。

二是用公式计算。

②设备修理工时定额

修理工时定额是指完成设备修理工作所需要的标准工时数。一般是用一个修理复杂系数所需的劳动时间来表示。

例如，已知某种电动机的修理复杂系数为8.5，则其大修工时为8.5×16=136。采、掘、运等重要设备的中修可打折，按大修的50%～60%计算，项修可按大修的20%～30%计算。

（2）材料消耗定额

设备修理用的材料消耗是指修换零件的备件、材料件、标准件、二三类机电产品等；修理用的钢材、有色金属材料、非金属材料、油料及辅助材料等。

单台设备的修理材料消耗定额是指按设备修理类别编制的，它是根据各修理类别的修理内容，制定每次修理标准的零件更换种类、数量及修理用料数量，并可根据设备修理复杂系数，制定单位复杂系数大修材料消耗标准。煤矿设备品种繁多、结构复杂，一般情况下，通过诊断故障程度，有针对性制定修理过程中的材料消耗定额。

（3）设备修理费用定额

设备修理费用定额是指为完成各种修理工作所需的费用标准，主要包括：直接材料费用、直接工资费用、制造费用、企业管理费用和财务费用等。设备修理费用与修理工时和备件材料消耗有直接关系，而这两种消耗又取决于修理内容，一般应对各种修理工作内容的工时和材料消耗进行统计分析，制定各种修理工作费用定额。

4. 设备大修和矿井停产检修

（1）设备大修

①设备大修应考虑的因素

设备大修理是全面恢复设备原有功能的手段。由于检查和检修工作量大，更换的零部件多，设备大修费用一般要达到原值的30%以上，老旧设备要达到50%～60%，高的可达70%～80%，在企业设备维修费中占有相当大的比例。在确定大修时，除了考虑设备的检修周期、设备技术状态外，还要考虑以下因素：大修的对象必须是固定资产；大修周期一般在一年以上；一次大修费用需大于该设备的年折旧额，但不得超过其重置价值的50%。

对大修费用上限的规定：随着大修次数的增加，耐磨件及更换数量也增加，设备大修费用一次比一次多，设备性能和效率逐渐下降。因此，设备在大修理两次以上应当考虑设备技术改造及设备更新，从技术经济上分析设备的经济寿命，以确定设备是否再安排大修。

②煤矿井下设备的检修周期

煤矿井下采掘、运输和其他移动设备，都保持一定的备用数量，实行按计划轮换检修。由于井下条件的限制，设备大、中、项修等需要在井上进行，综采设备在采完一个工作面或采煤 100 万 t 以上，应升井检修。

（2）矿井停产检修

矿井停产检修，主要是对连续生产线上的矿井主副井提升系统、主要上下运输线、井口及井筒装备等，在日常生产中不能进行或检修时间不够的大修、项修和年检以及某些需要停产进行的安全性预防性检查和试验、设备技术性能测定和设备技术改造等。

①矿井停产检修日期

矿井停产检修日期以法定节假日作为当月的固定检修日，每月各有一天停产检修，全年安排 12~15 天停产检修。根据停产检修任务量，各月停产检修日可按月使用，也可部分集中使用，以便矿井组织均衡生产。

②矿井停产检修的主要工作内容

根据设备检修周期或点检和状态监测，对已达到磨损更换标准或有缺陷的零部件，以及提升容器、钢丝绳、罐道等进行修复和更换。

对需要解体检查的隐蔽部件，如提升机和天轮轴瓦、减速箱齿轮、绳卡等进行定期检修，如发现问题，力争当场解决，或在下次检修解决。

对停产检修设备的关键部件，如提升机主轴等进行无损探伤。

对设备进行全面彻底的清扫、换油、除锈和防腐工作。

主要固定设备性能的全面测定。

需要停产进行的安全预防性检查和试验。

需要停产进行的设备技术改造工程。

处理故障或事故性检修等。

5. 设备修理前的准备工作

（1）预检工作

设备项修、大修和停产检修应提前 2～4 个月做好预修设备的预检工作，全面了解设备技术状态，确定修理及更换零部件的内容和应准备的工具，并为编制检修工艺规程搜集原始资料。预检即对设备不拆卸检查，了解设备精度，做好预检记录。

（2）编制修理技术任务书

设备技术状态主要指设备性能和精度下降情况，主要件的磨损情况，液压、润滑、冷却和安全防护系统等的缺陷情况。修理内容包括清洗、修复和更换零部件，治理泄漏，安全防护装置的检修，预防性安全试验内容，使用的检修工艺规程等。修理质量要求应逐项说明检修质量的检查和验收所依据的质量标准名称及代号等。

（3）编制更换件明细表

明细表中应列出更换零件的名称、规格、型号、材质和数量等，对外出加工或修复的零件，提早给出图纸，包括：①需要铸、锻和焊接毛坯的更换件；②制造周期长、加工精度高的更换件；③需要外购或外委托的大型、高精度零部件；④制造周期不长，但需要量大的零部件；⑤采用修复技术的零部件；⑥需要以半成品形式，及成对供应的零部件，应特意标明。

（4）编制材料明细表

在明细表中列出直接用于修理的各种型钢、有色金属型材、电气材料、橡胶、炉料及保温材料、润滑油和脂、辅助材料等的名称、规格、型号和数量。

（5）提出检修工艺规程

设备检修工艺规程是保证设备修理的整体质量，设备大修工艺规程一般包括以下内容：整机及部件的拆卸程序，拆卸过程中应检测的数据和注意事项；主要零件的检查、修理工艺，应达到的精度和技术要求；部件装配程序和装配工艺，应达到的精度和技术文件；关键部位的调整工艺和技术要求；需要的检测的量具、仪表、专用工具等明细表；试车程序及特别技术要求；安全技术措施。

（6）检修质量标准

检修质量标准包括：零部件装配标准和整机性能和精度标准。它是设备检修工作应遵守的规程，是检修质量验收的依据。检修质量标准已经有了定型的规范，如《煤矿机电设备检修质量标准》《综采设备检修质量标准》等。

（7）生产准备

①如期备齐修理用的材料、辅助材料、修理更换用的零部件。

②准备好检修用的起吊工具、专用工具、量具和测量仪表等，整理检修作业场所。

③编制设备大修或矿井停产检修作业计划，主要包括：作业内容和程序；劳动组织分工和安排；各阶段作业时间；各部分作业之间的衔接或平行作业的关系；作业场地布置图；作业进度的横道图和网络计划图；安全技术措施等。

④矿井停产检修的重大项目应成立检修指挥组，负责统一指挥和协调检修工作，每项检修任务都应指定负责人，并明确分工。在停产前，要做好停风、停电、停水、停气和停机等方面的具体事宜。

⑤设备大修作业程序如下：解体前检查—拆卸零部件 — 部件解体检查—部件修理装配—总装配—空运转试车—负荷试车和精度检查—竣工验收。

（8）编写设备大修理开工报告和大修理预算

①施工方法

更换钢丝绳一次进行，共更换左、右捻向各两根。用设置在上井口南北侧的慢速提升机向井下 - 600 m 水平下放新、旧绳，在两侧马头门内回收旧绳。在副井上口罐道梁处加装 4 个 10 t 滑轮作为新绳下放导向用，用井塔四楼的两台回柱绞车起吊罐笼。

②作业程序

将相同捻向的新绳分别缠在两台稳定绞车上，新绳要排列整齐，绳根螺丝要紧固，并要校准新绳长度。

东罐笼吊挂装置于井塔二楼东，置西罐笼吊挂装置于 - 600 m 水平摇台处，并用两根长 2.5 m 的 24 kg/m 矿用工字钢穿过西罐笼横搪在罐梁上。

二回柱绞车滑轮组钩头与东罐笼起吊绳连接后，将东罐笼吊起 1.5 m 高。

在副井上口用 20 号工字钢 4 根和专用铁楔、板卡将西罐笼提升钢丝绳留牢，在铁楔上方约 5 m 处用氧气割断旧绳。

将两台稳定绞车上的新绳各穿过副井上口的滑轮，用连接装置与 4 根旧绳连接，在 - 600 m 水平处将西罐笼 4 根旧绳用氧气割断，开动稳车向 - 600 m 水平下放新旧绳，由专人回收旧绳，并直接盘放在矿车内。

新绳头到达 - 600 m 水平西罐笼处拆下连接装置，把新绳与西罐吊装置卡接。

两台稳定绞车收紧新绳，在副井上井口用铁楔、板卡将 4 根新绳留牢后，松下 80 m 新绳，要保证 4 根绳长度一致。

将四根新绳头对应 4 根旧绳连接，开动提升机用旧绳将新绳带入车房，绕过主滑轮、导向轮与东罐吊挂装置卡接。

开动井塔四楼回柱绞车将东罐笼下放，上井口和 - 600 m 水平分别拆除铁楔、搪罐物后，进行试车。

③安全技术措施

施工前组织检修人员认真学习规程，做到心中有数、安全第一。

施工前，施工负责人要指定专人认真检查稳车和回柱绞车的刹车、电控、钩头、钢丝绳是否可靠，如不可靠，不准施工。

施工前要做好各项准备工作，对每个作业部位、关键环节都要由施工负责人指定专人负责，明确分工。

作业时，所有参加检修人员要听从施工负责人指挥，不得擅自改变作业方法，如发现不安全因素要及时汇报或令停车。

施工前，所有进入或靠近井口作业人员及高空作业人员，要认真检查保险带，确保其无损、可靠，在作业时必须佩带保险带、安全帽，并将保险带固定在可靠位置，所有随手工具要用白带紧好，打大锤时不得戴手套。

作业人员进入井筒作业或有碍作业进行时，必须停止提升。

严禁上下同时作业，以防掉物伤人。

井口周围 20 m 范围内，不得有非作业人员停留，并设专人警戒。

在西罐搪好后，应切断副井提升机的高低压电源，未经施工负责人同意，不准送电。

东罐起吊到位后，要用两根专用钢丝绳将东罐吊在罐道梁上。

作业时，副井提升机必须由副司机监护，正司机开车，要集中精力慢速开车，车速不得大于 0.3 m/s，信号联系要清楚，交接班交接要清楚。

副井上、下口信号工，在施工时要集中精力，发准信号，不得脱岗。

两台稳定绞车、二回柱绞车司机要集中精力，听准信号，同升、同停和同速，升停及时，刹车迅速，收紧新绳时，两台稳定绞车必须点动。

上、下井口罐笼卡绳处，要用 4000 mm×200 mm×80 mm 木板搭好脚手板，并用扒钩钉牢。

下放新绳时，新旧绳卡接用 22 mm 元宝卡，并不得少于 4 个，向车房带新绳时，新旧绳卡接用元宝卡不得少于两个。

上井口的滑轮要有专人看管，防止脱绳槽，同时要注意滑轮、绳头、钢梁有无异常现象，发现问题要及时令其刹车，并汇报处理。

向车房带新绳时，井塔各楼要有专人观察，注意主导轮和导向轮，看准绳路，严防新绳之间、新旧绳之间扭劲交叉。

新绳在卡接截绳时，余绳长度为绕绳环后不小于 2 m。

更换钢丝绳后，要调整 4 根绳的张力差和长短差。

换绳完毕后要试运转，确认无问题方可收工。

6. 设备大修和矿井停产检修的实施

设备大修和矿井停产检修管理工作的重点是质量、进度和安全，应抓好以下几个环节。

（1）设备解体检查

设备解体后要尽快检查，对预检没有发现需要更换的零部件的故障隐患，应尽快提出补充更换件明细表和补充修理措施。

（2）临时配件和修复件的修理进度

对需要进行大修理的零部件和解体检查后提出的临时配件应抓紧完成，避免停工待件。

（3）生产调度

要加强调度工作，及时了解检修进度和检修质量，统一协调各作业之间的衔接，对检修中出现的问题，要及时向领导汇报，采取措施，及时解决。

（4）工序质量检查

每道修理工序完成后，须经质量检查员检验合格后方可转入下道工序，对隐蔽的修理项目，应有中间检验记录，外修设备的修理项目，必要时要有交修方参加的中间检验。

（5）矿井停产检修的安全措施

7. 竣工验收

矿井停产检修的安全措施要有安全监察部门人员参加审批，并在施工中监督执行。设备大修竣工，先由承修部门进行自检、试车，然后组织使用部门共同验收。竣工验收应做好以下几个方面的工作。

（1）验收人员组成

设备大修质量验收，以质量管理部门的专职质检员为主，会同设备管理部门、使用单位、设备操作工人和承修部门人员等共同参加。

（2）验收依据

按设备检修质量标准和修理技术任务书进行验收；隐蔽项目应有中间验收记录；主要更换件应有质量检验记录，对实际修理内容与委托修理内容进行核对和检查。

（3）空运转试车和负荷试车

大修设备的试车，按设备试车规程进行验收。要认真检测规定的试车检查项目，并作好记录；试车程序要符合规程，试车时间要按规定执行，设备空运转和负荷试运转的时间，分别不少于：主通风机 4 h 和 48 h；空压机 8 h 和 24 h ；提升机 8 h 和 48 h；主水泵负荷试车 8 h。

8. 编写竣工文件和大修档案归档

大修竣工验收后，应填写大修竣工报告，编写或审核大修决算书。大修归档的资料主要包括：设备检修内容及验收记录、空重试车及性能测定记录、隐蔽项目中间验收记录、大修开工与竣工报告单、修换件和材料明细表、修理费用预算表、遗留问题记录等。

二、煤矿机电设备的备件管理

（一）备件的消耗定额及储备方式

随着煤矿机械化、电气化程度的提高，矿山机电设备的种类和数量也越来越多。设备在长期使用过程中，零部件受摩擦、拉伸、压缩、弯曲、撞击等物理因素的影响，会发生磨损、变形、裂纹、断裂等现象。当这些现象积累到一定程度时，就会降低设备的性能，形成安全隐患，轻者造成设备不能正常工作，重者发生意外事故，影响煤矿安全生产。为了保证设备的性能和正常运行，要及时对设备进行检修，把磨损腐蚀过限的零部件更换下来。由于设备数量大、种类多，这就使零部件准备成为企业一项日常工作。因此，备件管理是维修活动的重要组成部分，只有科学合理地供应与储备备件，才能做好设备维修工作。如果备件储备过多，会造成积压，影响流动资金周转，增加维修成本；如果备件储备过少，就会影响备件的及时供应，妨碍设备的维修进度。所以要做到合理储备备件，就需要我们对这一工作进行系统地总结和研究，在实践中找出它的科学规律。

1. 备件消耗定额

（1）消耗定额

定额是人们对某种物资消耗所规定的数量标准。备件消耗定额是指在一定的生产技术和生产组织条件下，为完成一定的任务，设备所必须消耗的备件数量标准。煤炭企业备件消耗定额分企业原煤生产备件综合消耗定额、单项备件消耗定额（亦称个别消耗定额）等几种。应该注意的是，这里所指备件的消耗是指备件投入使用后而发生的耗费，不包括使用前的运输损坏、保管损失及使用过程中发生重大事故（如水患淹井）等所引起的损耗。

备件消耗定额是一个预先规定的数量标准。作为一个标准，不是实际消耗多少就是多少，不能把不合理的消耗也包括进去，也不是以个别最先进的消耗水平为标准，而是大多数单位和大多数人经过努力可以实现的水准，是一个合理的消耗数量标准。

（2）备件消耗定额的制定

备件消耗定额的制定是备件管理的一项基础工作，它是企业编制备件需用计划的依据，是考核设备使用和维修的技术、经济效果的重要尺度。正确制定和执行备件消耗定额，不仅可以促进设备使用和维修水平的提高，还可以有效地降低库存，减少流通环节的资金占用，提高经济效益。据统计，目前我国每生产 1 万 t 原煤，备件消耗量为 3.5~5 t。可见，科学制定备件消耗定额对煤炭生产成本管理，提高经济效益是显而易见的。备件消耗定额制定常用以下几种方法：

①统计分析法

经验统计法是煤矿企业常用的制定消耗定额的方法，可再分以下两种：统计法：即根据历年或前期统计资料制定定额的方法；统计分析法：即在统计资料的基础上，进行分析研究，把相关因素考虑进去制定定额的方法。

统计法的优点是简单易行，容易掌握，具有一定的可靠性。但是，它是以实际发生的历史资料作为依据，容易掩盖不合理因素，把备件在实际使用中的不合理因素保留在消耗定额内，会直接影响备件需用计划的准确性。因此，它是比较粗糙不够科学的方法，通常是在缺乏技术资料、影响消耗的因素比较复杂的情况下应用，一般在制定企业原煤生产备件综合消耗定额时采用。其计算公式如下：

$$\text{企业原煤生产备件综合消耗定额}=\frac{\text{企业原煤生产实际消耗备件总量（t）}}{\text{企业原煤生产实际总产量（t）}}$$

式中企业原煤生产实际消耗备件总量——企业原煤生产各部门消耗的备件之和；企业原煤生产实际总产量——包括井工和露天开采产量。

对于备件个别消耗定额，注意依据各统计期的备件消耗资料的具体数值。其计算分两步进行：

计算各统计年份备件的平均每台消耗量

$$\text{平均每台消耗量}=\frac{\text{统计年份备件消耗量}}{\text{统计年份备件使用台数}}\{\text{件/（年·台）}\}$$

分析历年平均每台消耗变化，确定其定额数值：历年备件平均每台消耗可能会出现以下 3 种情况，应根据不同的情况，采取不同的确定方法。

第一种，如果历年备件平均每台消耗基本接近，各年份之间变化幅度很小，则备件消耗定额可以历年单耗的算术平均值为基础，并考虑计划期可能发生的变化，修正求得。

第二种，如果历年备件平均每台消耗有趋势性变化（下降或上升），则备件消耗定额可以接近计划期年份的平均每台消耗为基础，加以修正求得。

第三种，如果历年平均每台消耗的变化没有什么规律，则需对历年消耗情况做进一步分析，剔除不正常和不合理因素，取其中能反映统计期内消耗趋势的 1~2 年平均每台消耗相加平均，并加以修正求得。

统计分析法能够发现并消除一些不合理因素，所制定的定额，能接近实际。但它所用的技术资料必须准确，编制人员必须具有相当的技术和业务水平。

②经验估计法

根据技术人员和工人的经验，经过分析来确定备件消耗定额。这种方法简单易行，但不精确。

③技术计算法

根据备件的图纸和技术参数，应用相应的理论计算，并结合实际使用条件，在实验室内进行模拟试验，测出相关数据，确定备件使用寿命。这种方法比较准确，但工作量大，对实验室条件、专业人员的技术理论水平有一定要求。对于消耗量大或材料贵重的备件，通常采用这种方法。

2. 备件储备定额

（1）经常消耗件的储备定额

经常消耗件储备定额的制定，主要取决于备件每日（月）需用量和合理储备时间（日、月）两个因素，表示如下：

备件储备定额 = 平均每日（月）需用量 × 合理储备时间（日、月）

式中，合理储备时间对经常储备来说可用供货间隔期，对保险储备定额可用保险储备期。则

经常储备定额 = 平均每日（月）需用量 × 供货间隔期（日、月）

保险储备定额 = 平均每日（月）需用量 X 保险储备期（日、月）

供货间隔期一般是由主管部门规定的备件储存期限，而保险储备期是根据统计资料确定的平均供货延误时间。保险储备一般是固定不动用的。

（2）不经常消耗件的储备定额

不经常消耗也就不经常订购，其保险储备量受供货条件（生产、运输）的影响小，主要取决于主机使用台数的多少，以及每台件数和备件使用的期限等。主机多、单台件数多、使用期限长，储备数量自然可以相对减少。因此，这类备件的保险储备定额应采取备件系数法计算，即

不经常消耗件储备定额 =

$$\frac{\text{主机台数} \times \text{单台件数} \times \text{主机增多调整系数} \times \text{台件增多调整系数}}{\text{备件使用期限（月）}}$$

（3）特准储备件的储备定额

特准储备同样采用备件系数法来确定，计算公式与不经常消耗件的储备定额基本相同。即

$$\text{特准储备定额} = \frac{\text{主机台数} \times \text{单台件数} \times \text{主机增多调整系数} \times \text{台件增多调整系数}}{\text{备件使用期限（年）}}$$

（4）备件储备资金定额

备件储备资金包括库存备件和在途备件所占用的流动资金。《煤炭工业企业设备管理规程》规定：备件储备资金一般可占企业设备原值的 2%~4%，引进设备和单一关键设备的备件可适当地增加储备。建立备件储备资金定额是从经济方面管理备件储备，做到既保证供应，又经济合理。资金定额主要由以下几个方面组成。

①库存资金定额

库存资金定额和备件资金定额是综合储备定额的两个主要指标。库存资金定额是综合反映计划期内某类或全部库存备件合理数量的标准。它是在计算各种备件最高储备定额资金的基础上，再乘一个供应交叉系数而得。这是由于随着备件的领用，每种备件占用的资金经常在最大占用额和最小占用额之间波动，同时各种备件不可能同时达到最大储备量，因此可以互相调剂资金占用数，故可以乘一个小于 1 的供应交叉系数，也叫供应间隔系数。计算公式如下：

库存资金定额 = Σ（各种备件个别储备定额 × 计划单价）× 供应交叉系数

$$供应交叉系数 = \frac{基年某类或全部备件库存资金平均余额}{基年某类或全部备件最高储备定额资金} \times 100\%$$

$$基年备件库存资金平均余额 = \Sigma \frac{各月库存资金平均余额}{2}$$

$$月库存资金平均余额 = \frac{月初库存资金余额 + 月末库存资金余额}{2}$$

②储备资金定额

它是综合反映计划期内某类或全部备件建立备件储备所允许占用资金的数额。库存资金是储备资金的基本组成部分，但并不等于储备资金。因为在常见的供货结算中，一般是付款在先到货在后，这样在货件入库之前就占用了一部分资金，为了保证在货款付出到供货入库这段期间资金的需要，在计算储备资金定额时，还必须加上在途备件占用的资金，计算公式如下：

储备资金定额 = 备件库存资金定额（1+ 备件在途资金率）

$$备件在途资金率 = \frac{基年在途资金平均余额}{基年库存资金平均余额} \times 100\%$$

$$基年在途资金平均余额 = \Sigma \frac{各月库存资金平均余额}{2}$$

$$月在途资金平均余额 = \frac{月初在途资金余额 + 月末在途资金余额}{2}$$

说明：由于现在市场结构发生变化，很多矿业集团采取集中采购，设备及备件采取先供货后付款的方式，这种情况则不考虑在途备件占用的资金。

③吨煤占用备件储备资金额

这是考核煤炭企业工作的主要经济指标，是指生产 1 t 原煤占用的备件储备资金额。计算公式如下：

$$备件资金周转天数 = \frac{306d}{年度资金周转次数}$$

备件资金的来源是企业的流动资金，企业流动资金预算中有“修理零备件”这一项目。因此，备件资金只能由备件范围内的物资占用，如果资金占用不当，使本来不该占用备件资金的物资占用了备件资金，就给备件工作造成困难。

有些设备大修时，需要更换一些高精度大备件，这些备件价格几千元甚至几万元，制造周期长，进货困难，为了保证修理需要，必须提前准备。这样，不但占用资金多，而且占用时间长，很不合理。所以属于大修专用的、单价在某一数额（不同的企业规定不一样，一般为2000元）以上的备件，可用大修基金储备，在大修结算时冲销。

3. 备件的范围与分类

（1）备件的范围

配件：为制造整台设备而加工的零件或在设备维修工作中，用来更换磨损和老化旧件的零件称为配件。

备件：为了缩短修理停歇时间，在仓库内经常储备一定数量的形状复杂、加工困难、生产（或者订购）周期长的配件或为检修设备而新制或修复的零件和部件，统称为备件。所谓部件是由两个或两个以上的零件组装在一起的零件组合体，它们不是独立的设备，只是设备的一个组成部分，用于检修则属于备件的范畴。备件的范围包括：维修用的各种配套件，如滚动轴承、传动带、链条；设备说明书中所列的易损件；设备结构中传递主要载货而自身又较弱的零件；因设备结构不良而产生不正常损坏或经常发生事故的零件；设备或备件本身因受热、受压、受摩擦或受交变载货而易损坏的一切零部件；保持设备精度的主要运动件；制造工序多、工艺复杂、加工困难、生产周期长及需要外胁的复杂零件；特殊、稀有、精密设备的全部配件。

（2）备件的分类

在工矿企业备件管理中，备件的分类方法很多。在煤矿机电设备管理中，最常见的是按设备类别分类，主要分为以下几类。

①煤矿专业设备备件

固定机械备件：提升机、压风机、通风机等备件。

采掘设备备件：采煤机、装煤机、凿岩机、装岩机等备件。

综采综掘设备备件：综采、综掘和高档普采设备等备件。

运输设备备件：刮板机、皮带机、矿车、小绞车等备件。

防爆电器备件：高低压防爆开关、启动器、综保装置、防爆电机、煤电钻等备件。

其他备件：如矿灯、充电架、安全仪器等备件。

②工矿备件

矿山类型设备备件：直径 2 m 以上的提升机、3 m 以上的挖掘机、破碎机、球磨机、锻钎机、汽车吊、推土机等备件。

流体机械和液压件：空压机、通风机、泵类、阀类、油马达等备件。

冶金锻压设备备件：2 t 以上的自由锻锤、3 t 以上模锻锤等备件。

风动工具设备：风镐、风钻、凿岩机等备件。

洗选设备备件：跳汰机、浮选机、重介质选机、筛分机、压滤机、给煤机、斗式提升机、脱水机等备件。

大型铸锻件：毛坯单重在 5 t 以上的铸钢件、1000 t 以上水压机锻造的锻钢件。

铁路专用备件。

地质钻机备件。

机床备件。

汽车备件、内燃机、拖拉机备件等。

（3）不属于备件范围的检修用件

①材料件

工具类的消耗件：如截齿、钎头、刀具、砂轮等。

设备的管路、线路零件：如道岔、道钉、鱼尾板、托绳地滚、管路法兰盘、电缆接线盒、架空线路金具等。

毛坯件和半成品：如铸锻件毛坯、各种棒料、车辆轮毂等。

②标准件

符合国家或行业标准，并在市场上可以买到的各种紧固件、连接件、油杯、油标、皮带卡子、密封圈、高压油管及其接头等。

③二、三类机电产品

如互感器、接触器、断路器、继电器、控制器、变阻器、启动器、熔断器、开关、按钮、电瓷件、碳刷、套管、防爆灯、蓄电池等。

④非标准设备

属于设备管理范围的，如减速器、箕斗、罐笼、电控设备等。

4. 备件储备

备件储备是指备件的储存备用。为保证矿山设备的正常运转，备件要有一定的储备。但是由于设备的种类不同，对生产的影响程度不同，同一种设备的数量不同以及检修方式的不同，备件在储备上也有所差异。从备件的供应渠道看，有的市场上可以随时买到，有的需要专门加工，有的要现金订货等，这就需要在储备上有不同的对策。为了减少储备资金，各种备件应根据不同情况制定不同的储备标准。同时，也应该有个合理的综合备件储备，这就是储备定额问题。

综合备件的储备，是按备件类别或全部品种制定的多品种储备定额。它是反映各类或全部备件的储备水平，便于对备件的储备进行财务监督；以实物量表示的备件储备定额，叫作备件储备绝对定额，也叫备件储备定额。以时间表示的储备定额，叫作备件储备相对定额，也叫储备天数，它是计算备件储备量的基础。

备件储备有经常储备、保险储备、间断储备和特准储备等几种方式。储备方式的选用要根据备件消耗量大小、供应条件、对企业正常生产的影响程度、备件加工周期及工艺复杂程度、资金占用量等因素确定。

（1）经常储备（周转储备）

同型号设备多且经常消耗的备件，或同型号设备不多，但其中某个零件消耗量大，应建立经常储备。备件的经常储备是波动的，常从储备的最高量降到最低量，又从最低量升到最高量，呈周期性变化。

（2）保险储备

保险储备是为了避免因供应时间延误而造成备件使用中断，在经常储备的基础上，根据供应可能延误的时间而建立的一种储备。另外，对不经常消耗件，由于其零件使用寿命长、消耗量小，也可建立保险储备。

（3）间断储备

间断储备是一种短期储备，它是根据设备状态监测，判定零件劣化趋势和疲劳度，或根据零件剩余寿命而提前一定时间作更换准备的备件，或根据设备停产检修、大修和项修计划作提前准备的备件。

（4）特准储备

特准储备是对加工周期长、工艺复杂、短期内采购困难、占用资金多、不易损坏（一般使用年限在 7~8 年以上）而又关系到生产和安全的大型关键件的储备，它是一种安全性的保险储备。

如大型提升机的减速箱、齿轮、联轴器、轴，大型通风机的叶片、传动轴、联轴器，20 m^3 以上空压机的曲轴、连杆、缸体等。特准储备要按上级规定储备和动用。

对于经常消耗的备件，应建立周转储备，当然，也要建立适当的保险储备；对于不经常消耗的备件，可只建立保险储备；对于极少消耗的一般零件可不必考虑储备；对于关键性的零件，应建立特准储备。

5. 备件管理的主要任务和内容

（1）备件管理的主要任务

煤炭企业备件的储备和消耗事关重大。如果备件储备过多，会造成积压，影响流动资金周转，增加维修成本；如果备件储备过少，就会影响备件的及时供应，妨碍设备的维修进度。所以要做到合理储备备件。据统计，目前煤矿企业备件储备资金占生产流动资金的 25%~35%。因此，加强计划性，千方百计降低备件储备和消耗，对整个企业的正常经营至关重要。近年来，备件管理正在得到人们的高度重视，煤矿企业都在建立并加强专兼职备件管理队伍，备件管理的新措施也不断出现。备件管理的主要任务如下。

①最大限度地缩短检修所占用的时间，为设备顺利检修提供必备的条件。

②科学地计划、调运、储备、保管备件，降低库存，减少流动资金占有量，进而降低生产成本。

③最大限度地降低备件消耗。

④搞好备件的统计、分析，向制造厂商反馈信息，使厂商不断提高备件质量，增强备件的可靠性、安全性、经济性和易修性。

（2）备件管理的主要内容

备件管理工作是以技术管理为基础，以经济效果为目标的管理。其内容按性质可划分如下。

①备件的技术管理

备件技术管理的内容包括：对备件图样的收集、积累、测绘、整理、复制、核对，备件图册编制；各类备件统计卡片和储备定额等技术资料的设计、编制及备件卡的编制工作。

②备件的计划管理

备件的计划管理是指由提出外购、外协和自制计划开始，直至入库为止这一段时间的工作内容。它是根据备件消耗定额和储备定额，编制年、季、月的自制备件和外购备件计划，编制备件的零星采购和加工计划，根据备件计划进行订货和采购。备件的计划管理可分为：年、季、月度自制备件计划；外购备件的年度及分批计划；铸、锻毛坯件的需要量申请、制造计划；备件零星采购和加工计划；备件的修复计划。

③备件的经济管理

主要是核定备件储备金定额、出入库账目管理、备件成本的审定、备件的耗用量、资金定额及周转率的统计分析和控制、备件消耗统计和备件各项经济指标的统计分析等。

④备件的使用管理

合理的使用备件，备件的使用去向要明确，对替换下来的废旧件要进行回收并加以修复利用。

⑤备件的库房管理

备件库房管理包括备件入库时的检查、验收、清洗、涂油防锈、包装、登记入账、上架存放、领用发放、统计报表、清查盘点和备件质量信息的收集等。

⑥备件库存的控制

备件库存控制就是对备件进行计划控制，记录和分析（评价）。要求备件系统提供迅速而有效的服务。包括库存量的研究与控制；最小储备量、订货点以及最大储备量的确定等。

6. 备件消耗定额的管理

备件消耗定额的管理，包括定额的制定、修改、执行和考核等具体工作，应着重抓好以下几个方面。

（1）按专业归口，实行专业分工

设备检修管理部门负责各类设备大、中、小修及日常维修工作中的备件消耗原始记录（包括数量和原因分析）；备件仓库负责建立以设备为单位的备件发放记录；备件管理部门负责收集、整理、统计、研究分析原始资料，制定备件定额。

（2）实行局、矿分级管理，建立严格的计划供应制度

矿务局（集团公司）对矿一般实行综合定额，在编制年度消耗计划时，下达定额指标，按季（或月）设备维修计划或设备检修单项工程计划，组织实施。

矿级定额管理，一般采用 3 种形式，即定额、定量和资金限额。主要是加强区队定额管理，并与区队经济核算结合起来。

（3）建立执行定额的管理制度

为了保证定额的贯彻执行，还应该建立一套相应的管理制度。这个制度应当既有利于定额的贯彻执行，又能调动各级管理人员和生产人员的积极性。定额管理制度的内容基本上可以分为 2 种，一种是与业务有关的制度，另一种是与责任有关的制度。与业务有关的制度主要是关于备件计划、分配、发放、核算、资金管理等具体规定；与责任有关的制度，主要是关于各级备件管理机构和使用单位在定额执行上的职权责，如定额管理的岗位责任制，节约或超支的奖惩制度等。

（4）做好定额执行情况的检查分析

在定额执行过程中，一方面各级备件部门要做好备件消耗的记录统计和调查研究工作，把备件的入库、出库、消耗动态，及时、正确、系统、全面地记录和反映出来，并且要深入现场调查研究，及时掌握生产第一线使用和消耗备件的情

况；另一方面，在统计和调查的基础上，做好定额执行情况考核分析工作，按月、季、年度逐级考核，并分析备件消耗的增减、节约、浪费情况。

（5）做好定额的修订工作

随着新技术、新工艺、新材料的推广应用以及管理水平的不断提高，备件消耗定额应经常修订，但也要保持相对稳定性。正常情况下，1~2 年修订一次为宜。

（二）备件的订货、验收与码放

备件可以通过市场采购、自制加工、外协等方式获得。备件管理人员不但要有管理理论，还要有丰富的实践知识，了解备件的消耗情况，了解设备的未来使用计划，认真组织货源，通过合理的订货，保障设备的正常运转和生产的正常进行，尽量减少库存。备件订货方式有定期订货、定量订货和经济批量订购。备件的验收以 IS 02859“计数抽样检查程序表”进行备件抽样检查验收。ABC 分类法在备件管理中的应用主要观点是：A 类备件要严格管理；B 类备件控制进货批量；C 类备件简化管理。仓库管理重点是分类码放、搞好备件的资料和账目管理、做好备件的保养工作以及搞好仓库的清洁工作。

1. 备件的订货

备件的订货，对于经常消耗的备件一般是按一定的批量、一定的时间间隔进行订购，订购方式通常有定期订货和定量订货两种。

（1）定期订货

定期订货的特点是订货时间固定，每次订货数量可变。

①订货周期不变，即 $T_{p1}=T_{p2}=T_{p3}$；

②订货点的库存量和订货量是随消耗速度变化的，即 $P_1 \neq P_2 \neq P_3$，$q_1 \neq q_2 \neq q_3$；

③待货期（到货间隔期）在一般情况下是不变的，即 $T_{d1}=T_{d2}=T_{d3}$；

④备件消耗速度变化不大。

设时间为 0 时，备件库存量为 $Q_{\max}$，随着设备检修，备件储存量减少，当库存量降到 P_1（订货时间为 t_1）时，计算出订货量 q_1 并组织订货，经过一定的待货期，库存量降到 a 时，新进的备件 q_1 到货，库存量升到 b。再经过订货周期 T_{p1}，到订货时间 t_2，经过清查，库存量为 P_2，算出订货量 q_2，再组织订货。这种订货方式的优点是，因订货时间固定使工作有计划性，对库存量控制得比较严，缺点是手续麻烦，每次订货都必须清查库存量才能算出订货量。它适用于备件需用量变化幅度不大、单价高、待货期可靠的备件。

（2）定量订货

定量订货的订货周期、待货期、订货点、订货量、储备量、储备恢复期等多种因素之间的关系。

①各订货点的库存量、订货量相等，即 $P_1=P_2=P_3$，$q_1=q_2=q_3$；

②订货周期不等，即 $T_{p1} \neq T_{p2} \neq T_{p3}$；

③待货期（到货间隔期）一般是相等的，即 Tn=TD2=TD；

④备件消耗速度变化较大。

设时间为0时，备件库存量为 $Q_{\max}$，随着设备检修，备件因消耗库存量减少。当库存量降到规定的订货点 P_1 时，按订货量 q 去订货，经过待货期 T_{p1}，库存量降到口时，新进的备件 a，到货，库存量上升6，经过第一个订货周期 T_{p1}，备件库存量又降到规定的订货点 P_2 时，再按 q 去订货，这样反复进行的订货方式即为定量订货。这种订货方式的优点是手续简单、管理方便，只要确定订货点和订货量，按上述过程组织订货即可。缺点是订货时间不固定，最高库存量控制得不够严格，库存量容易偏多。这种订货方式适用于订货量较大、货源充足、单价较低、可以不定期订购的备件或批量的自制、外协加工备件。

2. 经济订购批量

经济订购批量是在满足生产需要的前提下，订货费用最小时的备件订购批量。备件的订购费用（如差旅费、管理费等）和仓储保管费用（如仓库管理费、保养费等）是随每次订购批量大小而变化的。每次订购的批量大，每年的订购次数少，则年订购费用小，但备件年平均仓储保管费用增加；每次订购的批量小则相反。备件的年订购费用与年平均仓储保管费用之和有一个最低点，与其对应的订购批量即为经济订购批量，即两次费用的代数和最小时的订购批量。设备件的年需用

量为 A，备件的每次订购费用为 C_2，单位备件的年仓储保管费用为 C_3，则经济订购批量 Q_0 可用下式求得。

$$Q_0=\sqrt{\frac{2AC_2}{C_3}}$$

3. 新的备件采购方法

（1）零库存管理法

随着社会主义市场经济的发展，市场的性质正发生根本性变化，买方市场已经形成。大型的煤炭企业集团已建立了自己的产品超市，甚至建立了保税仓库，中外企业的设备和备件分别在超市和保税仓库寄售。生产型企业的物料需求计划（material requirements planning，MRP）实现计算机管理，产品从销售到原材料采购，从自制零件的加工到外协零件的供应，从工具和工艺装备的准备到设备维修，从人员的安排到资金的筹措与运用，形成一整套新的方法体系，使企业的物料“零库存管理”由设想变为现实。MRP 的基本思想是围绕物料转化组织制造资源，实现按需要准时生产。因为生产环节复杂变数多，“零库存管理”没有计算机是实现不了的，它是信息技术应用于生产管理的结果，目前 MRP 软件越来越成熟。

产品超市、保税企库和 MRP，再加上发达便捷的物流，为备件的采购和管理提供了一种新模式，即“零库存管理法”。零库存管理使企业无须自己的仓储，供货商实行产品寄售，不占用需方流动资金，因此其储购成本最低。

（2）网络采购法

随着互联网的遍及，电子商务、网络营销也运用而生，网上销售、订购已经在企业得到了很好的实践，网络采购也降低了备件的采购成本。

（3）目标函数法

以采购成本最低为目标，在备件年用量一定的前提下，求出最经济的采购次数。将购储费用 C 定义为函数 Y，要求 Y 值愈小愈好，备件的年用量 A 为常量，采购批次乃为变量，A/n 为一次采购批量 Q_O，由此得出关系式为：

$$Y=C_2+\frac{A}{n}C_3+n(300+60)\text{ 元}$$

约束条件：

①年只允许出差一次，订货成本 C_2 包括车费、住宿费、补助费等。

②中转费用是指企业到货站取货的费用，包括车费和人工费。一般城市的中转费用控制在 300 元以内，电话联系费用每次控制在 60 元以内。

③库存电费、房屋修缮费、损耗、占用资金的利息等金额较小，忽略不计。

④ n 取整数且不超过 12，超过 12 也取 12，因为一年 12 个月。

由于网络采购没有出差费，保持了中转费和电话费用，则网络采购的购储费用为：

$$Y = C_2 + \frac{A}{n} C_3 + n(300+60)\ 元$$

某企业备件年需用量为 1200 件，每次订货费 500 元，备件单价为 80 元，单件年保管费率为 10%，分别用分批订货、经济批量采购、目标函数采购、网络采购等方法，计算其购储费用。

已知 A=1200，C_2=500，C_3=80×10%=8，求购储费用 Y。

分批订货：

一次性订货：1200 件，消耗费用为：

Y_1=(1×500+1200×8) 元 =10 100 元

二次订货：每次 600 件，消耗费用为：

Y_2=(2×500+600×8) 元 =5800 元

三次订货：每次 400 件，消耗费用为：

Y_3=(3×500+400×8) 元 =4700 元

四次订货：每次 300 件，消耗费用为：

Y_4=(4×500+300×8) 元 =4400 元

五次订货：每次 240 件，消耗费用为：

Y_5=(5×500+240×8) 元 =4420 元

六次订货：每次 200 件，消耗费用为：

Y_6=(6×500+200×8) 元 =4600 元

经济批量采购：

$$Q_O=\sqrt{\frac{2AC_2}{C_3}}=\sqrt{\frac{2\times1200\text{件}\times500\text{元}}{8\text{元}}}=387\text{件}$$

Q_O 取 400，年分三次订货，消耗费用为：

$Y=(3\times500+400\times8)$ 元 $=4700$ 元

目标函数采购：

$$Y=C_2+\frac{A}{n}C_3+n(300+60)\text{元}=(500+1200/n\times8)+n(300+60)\text{元}$$

当 $1200/n\times8$ 元 $=n(300+60)$ 元时，Y 有极小值。求得 $n=5.16$, 取 $n=5$, 则

$Y=(500+1200/5\times8)+5(300+60)$ 元 $=4220$ 元

网络采购：

$$Y=\frac{A}{n}C_3+n(300+60)\text{元}=(1200/5\times8)+5(300+60)\text{元}=3720\text{元}$$

结论：就本例而言，网络采购肯定优于其他采购方式，目标函数采购优于分批采购和经济批量采购。但在实际采购中，要充分考虑货物的确定性、采购成本、运输成本、仓储费用等诸多因素，才能确定采用何种采购方法。

4. 控制库存的 ABC 管理法

（1）库存备件的分类

维修备件种类繁多，各类备件的价格、需要量、库存量和库存时间有很大差异。对不同种类、不同特点的备件，应当采取不同的库存量控制方法。控制库存的 ABC 管理法是一种从种类繁多、错综复杂的多项目或多因素事物中找出主要矛盾，抓住重点，照顾一般的管理方法。ABC 管理法把库存备件分为三类。

① A 类备件

A 类备件是关键的少数备件，但重要程度高、采购和制造困难、价格贵、储备期长。这类备件占全部备件的 15%～20%，但资金却占全部备件资金的 65%～80%。对 A 类备件要重点控制，利用储备理论确定储备量和订货时间，尽量缩短订货周期，增加采购次数，加速备件储备资金周转。库房管理中要详细做好备件的进出库记录，对存货量应做好统计分析和计算，认真做好备件的防腐、

防锈保护工作。

②B类备件

其品种比A类备件多，占全部备件的30%~40%，占用的资金却比A类备件少，一般占用全部备件资金的15%~20%。B类备件的安全库存量较大，储备可适当控制，根据维修的需要，可适当延长订货周期、减少采购次数。

③C类备件

其品种占全部备件的40%~55%，占用资金仅占全部备件资金的5%~15%，对C类备件，根据维修的需要，储备量可大一些，订货周期可以长一些。

（2）库存备件的管理

对A类备件要严格管理，按备件储备定额进行实物量和资金额控制，确定合理的供货批量和供应时间，做到供应及时、储备降低；对B类备件按消耗定额和储备定额，分类控制储备资金，按供应难易程度控制进货批量；对C类备件只按大类资金控制，其中单价低且经常消耗的备件可一次多进货，以减少采购费用，简化管理。

5. 备件的验收

把好入库验收关是提供合格备件的关键。备件入库前要进行数量和质量验收，查备件的品种规格是否对路，质量是否合格，数量是否齐全。验收的依据是订货合同和备件图纸（样）。对于标准件通用件，根据采购计划和备件出厂检验合格证进行验收；属于专用备件，要按外协加工订购备件的要求进行验收；对于进口备件，要按合同约定的技术标准（如进口国标准、国际标准、出口国标准）进行验收。

（1）全数检验

①全数检验的一般内容

外观检查：检查备件包装有无损坏，备件表面有无划痕、砂眼、裂缝、损伤、锈蚀和变质等；

尺寸和形位检验：检验备件的几何尺寸和形位偏差；

物理性能检验：如硬度、机械强度、电气绝缘和耐压强度等检验；

隐蔽缺陷检验：对关键备件进行无损探伤（工业CT），查明材料质量和焊接质量等。

②全数检验的适用范围

当检验费用较低、批量不大、且对产品的合格与否比较容易鉴别时，就采用全检验收。

对于精密、重型、贵重的关键备件，若在产品中混杂进一个不合格品将造成致命后果的备件，必须采用全检。

随着检测手段的现代化，许多产品可采用自动检测线进行检测，最近产品又有向全检发展的趋势。

③全数检验存在的问题

在人力有限的条件下全检工作量很大，要么增加人员、增添设备和站点，要么缩短每个产品的检验时间，或减少检验项目。

全检也存在着错检漏检。在一次全检中，平均只能检出 70% 左右的不合格产品，检验误差与批量大小、不合格品率高低、检验技术水平、责任心强弱等因素有关。

不适用于破坏性检测等一些检验费十分昂贵的检验。

对价值低批量大的备件采用全检很不经济。

（2）抽样检验

抽样检验是从一批备件中随机抽取一部分备件（样本）进行检验，以样本的质量推断整体质量。

①抽样检验的适用范围

抽样检验的适用范围是：量多低值产品的检验，检验项目较多、希望检验费用较少的检验。

②抽样检验结果的判断标准

抽样检验结果的判断标准有：《逐批检查计数抽样程序及抽样表（适用于连续批的检查）》GB 2828—87l，《周期检查计数抽样程序及抽样表》GB 2829—87，《计数序贯抽样检查程序及表》GB 8051—87，《单水平和多水平计数连续抽样检查程序及表》GB 8052—87 等标准，国际标准化组织 (ISO) 颁布的有《计数抽样检查程序表》IS 02859—1974 等标准。

6. 仓库管理

备件通过验收后，要放进仓库进行保管、发放，因此仓库管理也是备件管理的一部分。由于备件本身技术性很强，备件仓库管理往往需要机电部门的密切配合，或直接由技术人员担任这项工作。仓库管理如果不当，造成规格混杂，缺套丢件，锈蚀变质，将随时可能影响生产，甚至造成事故。一些大的矿业集团都有自己的机械化、现代化仓库，实行计算机管理，采用高层货架，取存备件完全靠机械手操作。但不论什么样的仓库，都应做好以下工作。

（1）仓库设计合理

仓库设计合理应考虑仓库的实用性，进出货装卸方便，便于备件合理分类、堆码，满足通风防火等方面的要求。

（2）分类码放

矿山备件品种繁多，技术性能各异，贮存放置条件要求也各不相同，要进行合理的分类。如仪表备件、采矿设备备件以及可室外露天堆放的备件等。要根据具体情况做出合理布置，本着既提高仓库利用率、降低保管费用，又易于查找拿放。备件应按类别目录编号存放，采取“四号定位”“五五摆放”等方法，做到标记鲜明、整齐有序、放置合理。

“四号定位”的四号就是备件所在的库号、架号、层号、位号，表示备件存放的位置。任何备件都要固定位置，对号入座，并在该备件的货架上挂上标签，使标签和库存明细账、卡的货号一致，发料时只要弄清备件所属主机名称、备件名称、规格，在账、卡上查明货号，就可以找到相应的库、架、层、位，从而做到迅速准确发放。

“五五摆放”就是根据备件的性质和形状，以五为计量基数，成组存放，这样摆放整齐美观，过目知数，便于清点。对于能够上架的备件要本着“上轻、下重、中间常用”的原则摆放，对于不能上架的大型备件，应放置门口附近或有起重设施的位置，以便搬运，对于精密件要存放在条件适宜的位置或货架上。

（3）搞好备件的资料、账目管理

备件经验收入库后，就需登记立卡，建明细账。明细账分门别类地记录备件的名称、规格、重量、单价、单位、进货日期、出库时间、领货人等。备件卡是在备件货位上的一种卡片，主要栏目有备件名称、规格、主机、收付动态信息等。仓库管理人员要勤登记，勤统计，随时做到账卡一致，保证账、卡、物、金额“四对口”。对库存情况、合同到货情况以及各领用单位的备件使用情况，要做到心中有数。

（4）做好备件的保养工作

备件的维护保养是根据备件的物理化学性质、所处环境等，采取延缓备件变化的技术措施，它包括库房的温度、湿度控制，防腐、防锈、防霉等化学变化，防损伤、弯曲、变形、倒置、震动等物理损伤。

第三章 煤矿机电设备安全运行管理

现代煤炭生产企业中，机电专业的主要工作，就是保证机电设备的安全、可靠运行。没有机电设备的正常运行，就谈不上生产。巷道掘进需要掘进机，采煤需要采煤机，煤炭、矸石、材料、人员的运输需要运输设备等，总之，煤炭生产从某种意义上说就是保证机电设备的安全、可靠运行。因此，煤矿企业中流行的一句话“抓住机电就是煤”，也说明了机电工作在煤炭生产企业中的重要性。煤矿企业的生产条件恶劣，淋水、潮湿、顶板垮落、灰尘、瓦斯煤尘爆炸等众多不利因素都对设备的安全运行带来严重影响，加之生产区域广，设备种类多、数量大、作业场所不断变化等不利因素同样给设备安全运行管理带来极大的困难。这也是煤矿设备管理不同于一般企业的设备管理的突出特点。因此，为保证设备安全可靠运行，首先必须建立起一套科学、完整、具有可操作性的管理制度和措施，然后去认真执行、督促检查、严格考核，才会取得良好的效果。

保证设备安全运行的制度、措施很多，有针对所有设备管理制定的通用性制度措施，有根据某一台设备或同一台设备在不同使用条件下制定的专项措施。常用的安全管理制度措施主要有：

《煤矿安全规程》：煤矿安全规程是管理煤炭生产企业的重要法规，是国家煤炭生产安全部门根据煤炭法、矿山安全法和煤矿安全监察条例制定的规程。规定中的机电运输部门对各种设备的使用、维护和管理均作出了明确的规定和要求，各级各类人员必须严格遵照执行。

防爆设备入井管理制度：煤炭安全规程规定，具有瓦斯煤尘爆炸危险的矿井，必须使用防爆电气设备。为了将失爆的电气设备阻止在下井前，就需要采取必要的措施。防爆设备入井管理制度要求：无论是新购还是修理后的防爆电气设备，入井前必须经专职防爆检查员检查，合格后方可人井；防爆检查员必须定期对井下防爆电气设备进行检查，发现失爆设备，立即通知责任单位进行处理，并给予相应的经济处罚。

在制度中，必须明确规定防爆检查员的职权范围、工作内容、检查程序。同时也要规定对检查员的失职给予的相应处罚。

停送电制度：停送电工作在煤炭安全生产中是一项极为重要的工作，稍不注意就会造成设备事故甚至人身伤亡事故，因此必须给予高度重视。

停送电制度规定：对设备或线路维护检修需要停电时，必须由施工工期负责人向机电主管部门提出申请，经同意后办理工作票，经确认可靠停电后方可进行施工。工作完成后由施工负责人将工作票签字后返回变电所（站），经值班人员确认后方可恢复送电。对于无人值守的配电设备，要求坚持“谁停电，谁送电”的原则，严禁不经申请随意停送电和预约停送电。

第一节　煤矿机械设备的安全运行管理

一、煤矿固定设备的安全运行管理

矿井所用的设备中，主提升机、主排水泵、主通风机、压风机等固定安装的设备，习惯上称为矿山的“四大件”，它们能否安全正常运行直接影响着矿井的生产安全翻人员的生命安全。

（一）矿井提升机的安全运行管理

1. 提升容器的安全运行管理

（1）立井中升降人员，应使用罐笼或带乘人间的箕斗

在井筒内作业或因其他原因，需要使用普通箕斗或救急罐升降人员时，必须制定安全措施。凿井期间，立井中升降人员可采用吊桶，并遵守下列规定：应采

用不旋转提升钢丝绳；吊桶必须沿钢丝绳罐道升降。在凿井初期，尚未装设罐道时，吊桶升降距离不得超过 40 m；凿井时吊盘下面不装罐道的部分也不得超过 40 m；井筒深度超过 100 m 时，悬挂吊盘用的钢丝绳不得兼作罐道使用；吊桶上方必须装保护伞；吊桶边缘上不得坐人；装有物料的吊桶不得乘人；用自动翻转式吊桶升降人员时，必须有防止吊桶翻转的安全装置。严禁用底开式吊

桶升降人员；吊桶升降到地面时，人员必须从井口平台进出吊桶，并只准在吊桶停稳和井盖门关闭以后进出吊桶。双吊桶提升时，井盖门不得同时打开。

（2）提升装置的最大载重量和最大载重差，应在井口公布，严禁超载和超载重差运行。箕斗提升必须采用定重装载。

（3）升降人员和物料的单绳提升罐笼、带乘人间的箕斗，必须装设可靠的防坠器。

（4）检修人员站在罐笼或箕斗顶上工作时，必须遵守下列规定：

①在罐笼或箕斗顶上，必须装设保险伞和栏杆。

②必须佩带保险带。

③提升容器的速度，一般为 0.3~0.5 m/s，最大不得超过 21 m/s。

④检修用信号必须安全可靠。

2. 提升钢丝绳的安全运行管理

（1）使用和保管提升钢丝绳时，必须遵守下列规定：

①新绳到货后，应由检验单位进行验收试验。合格后应妥善保管备用，防止损坏或锈蚀。

②对每卷钢丝绳必须保存有包括出厂厂家合格证、验收证书等完整的原始资料。

③保管超过一年的钢丝绳，在悬挂前必须再进行一次试验，合格后方可使用。

④直径为 18 mm 及其以下的专为提升物料用的钢丝绳（立井提升用绳除外），有厂家合格证书，外观检查无锈蚀和损伤，可以不进行相关检验。

（2）提升钢丝绳的检验应使用符合条件的设备和方法进行，检验周期应符合下列要求：

①升降人员和物料用的钢丝绳，自悬挂时起每隔 6 个月检验一次；悬挂吊盘的钢丝绳每隔 12 个月检验一次。

②升降物料用的钢丝绳，自悬挂时起 12 个月时进行第 1 次检验；以后每隔 6 个月检验一次。

③摩擦轮式提升机用的钢丝绳、平衡钢丝绳以及直径为 18 mm 及其以下的专为升降物料用的钢丝绳（立井提升用绳除外），不受此限。

（3）新钢丝绳悬挂前的检验（包括验收检验）和在用绳的定期检验泌须按下列规定执行：

①新绳悬挂前的检验必须对每根钢丝绳做拉断、弯曲和扭转 3 种试验，并以公称直径为准对试验结果进行计算和判定：一是不合格钢丝的断面积与钢丝总断面积之比达到 6%，不得用作升降人员；达到 10%，不得用作升降物料；二是以合格钢丝拉断力总和为准算出的安全系数，如低于《煤矿安全规程》的规定时，该钢丝绳不得使用。

②在用绳的定期试验可只做每根钢丝的拉断和弯曲两种试验。试验结果仍以公称直径为准进行计算和判定：一是不合格钢丝的断面积与钢丝总断面积之比达到 25% 时，该钢丝绳必须更换；二是以合格钢丝绳拉断力总和为准计算出的安全系数，如低于《煤矿安全规程》的规定时，该钢丝绳必须更换。

（4）提升装置使用中的钢丝绳做定期检验时，安全系数有下列情况之一的，必须更换：

①专为升降人员用的小于 7。

②升降人员和物料用的钢丝绳：升降人员时小于 7；升降物料时小于 6。

③专为升降物料用和悬挂吊盘用的小于 5。

（5）摩擦轮式提升钢丝绳的使用期限应不超过 2 年，平衡钢丝绳的使用期限应不超 4 年。到期后如果钢丝绳的断丝、直径缩小和锈蚀程度不超过《煤矿安全规程》的规定，可继续使用，但不得超过 1 年。

井筒中悬挂水泵、抓岩机的钢丝绳，使用期限一般为 1 年；悬挂水管、风管、输料管、安全梯和电缆的钢丝绳，使用期限一般为 2 年。到期后经检查鉴定，锈蚀程度不超过《煤矿安全规程》的规定，可以继续使用。

（6）提升钢丝绳、罐道绳必须每天检查一次，平衡钢丝绳、防坠器制动绳（包括缓冲绳）、架空乘人装置钢丝绳、钢丝绳牵引带式输送机钢丝绳和井筒悬吊钢丝绳必须至少每周检查一次。对易损坏和断丝或锈蚀较多的一段应停车详细检查。断丝的突出部分应在检查时剪下。检查结果应记入钢丝绳检查记录簿。

（7）各种股捻钢丝绳在一个捻距内断丝断面积与钢丝总断面积之比，达到下列数值时，必须更换：

①降人员或升降人员和物料用的钢丝绳为5%。

②专为升降物料用的钢丝绳、平衡钢丝绳、防坠器的制动钢丝绳（包括缓冲绳）和兼作运人的钢丝绳牵引带式输送机的钢丝绳为10%。

③罐道钢丝绳为15%。

④架空乘人装置、专为无极绳运输用的和专为运物料的钢丝绳牵引带式输送机用的钢丝绳为25%。

（8）以钢丝绳标称直径为准计算的直径减小量达到下列数值时，必须更换：

①提升钢丝绳或制动钢丝绳为10%。

②罐道钢丝绳为15%。使用密封钢丝绳外层钢丝厚度磨损量达到50%时，必须更换。

（9）钢丝绳在运行中遭受卡罐、突然停车等猛烈拉力时，必须立即停车检查，发现下列情况之一者，必须将受力段剁掉或更换全绳：

①钢丝绳产生严重扭曲或变形。

②断丝超过《煤矿安全规程》的规定。

③直径减小量超过《煤矿安全规程》的规定。

④遭受猛烈拉力的一段，其长度伸长0.5%以上。

在钢丝绳使用期间，断丝数突然增加或伸长突然加快，必须立即更换。

（10）钢丝绳的钢丝有变黑、锈皮、点蚀麻坑等损伤时，不得用作舞降人员。钢丝绳锈蚀严重，或点蚀麻坑形成沟纹，或外层钢丝松动时，不论断丝数多少或绳径是否变化，必须立即更换。

（11）使用有接头的钢丝绳时，必须遵守下列规定：

①有接头的钢丝绳，只准在平巷运输设备、300 以下倾斜井巷中专为升降物料的绞车、斜巷无极绳绞车、斜巷架空乘人装置和斜巷钢丝绳牵引带式输送机等设备中使用。

②在倾斜井巷中使用的钢丝绳，其插接长度不得小于钢丝绳的直径的1000倍。

（12）主要提升装置必须备有检验合格的备用钢丝绳。对使用中的钢丝绳，应根据井巷条件及锈蚀情况，至少每月涂油一次。

摩擦轮式提升装置的提升钢丝绳，只准涂、浸专用的钢丝绳油（增磨脂）；但对不绕过摩擦轮部分的钢丝绳，必须涂防腐油。

3. 制动装置的安全使用

在立井和倾斜井巷中使用的提升机的保险闸发生作用时，全部机械的减速度必须符要求。

摩擦轮式提升机常用闸和保险闸的制动，除必须符合《煤矿安全规程》的规定外，还必须满足以下防滑要求：

（1）各种载荷（满载或空载）和各种提升状态（上提或下放重物）下，保险闸所能产生的制动减速度的计算值，不能超过滑动极限。钢丝绳与摩擦轮间摩擦系数的取值不得大于 0.25，由钢丝绳自重所引起的不平衡重必须计入。

（2）在各种载荷及提升状态下，保险闸发生作用时，钢丝绳都不出现滑动。

（3）严禁用常用闸进行紧急制动。

4. 提升系统的安全保护

（1）在提升速度大于 3 m/s 的提升系统内，必须设防撞梁和托罐装置。防撞梁不得兼作他用。防撞梁必须能够挡住过卷后上升的容器或平衡锤；托罐装置必须能够将撞击防撞梁后再下落的容器或配重托住，并保证其下落的距离不超过 0.5 m。

（2）立井提升装置的过卷高度和过放距离应符合下列规定：

①罐笼和箕斗提升，过卷高度和过放距离不得小于相关数值。

②在过卷高度或过放距离内，应安设性能可靠的缓冲装置。缓冲装置应能将

全速过卷（过放）的容器或平衡锤平稳地停稳，并保证不再反向下滑（或反弹）。吊桶提升不受此限。

（3）提升装置必须装设下列保险装置，并符合要求：

①防止过卷装置。当提升容器超过正常终端停止位置（或出车平台）0.5 m时，必须能自动断电，并能使保险闸发生制动作用。

②防止过速装置。当提升速度超过最大速度15%时，必须能自动断电，并能使保险闸发生作用。

③过负荷和欠电压保护装置。

④限速装置。提升速度超过3 m/s的提升机必须装设限速装置，以保证提升容器（或平衡锤）到达终端位置时的速度不超过2 m/s；如果限速装置为凸轮板，其在一个提升行程内的旋转角度应不小于270°。

⑤深度指示器失效保护装置。当指示器失效时，能自动断电并使保险闸发生作用。

⑥闸间隙保护装置。当闸间隙超过规定值时，能自动报警或自动断电。

⑦松绳保护装置。缠绕式提升机必须设置松绳保护装置I并接入安全回路和报警回路，在钢丝绳松弛时能自动断电并报警。箕斗提升时，松绳保护装置动作后，严禁煤仓放煤。

⑧满仓保护装置。当箕斗提升的井口煤仓仓满时能报警或目动断电。

⑨减速功能保护装置。当提升容器（或平衡锤）到达设计减速位置时，能示警并开始减速。

（二）矿井排水设备的安全运行管理

主排水泵承担排出矿井全部涌水的任务。《煤矿安全规程》规定：主排水泵房必须有工作、备用和检修的水泵。工作水泵的能力，应能在20 h内排出矿井24 h的正常涌水量（包括充填水及其他用水）。备用水泵的能力应不小于工作水泵能力的70%。工作和备用水泵的总能力，应能在20 h内排出矿井24 h的最大涌水量。检修水泵的能力应不小于工作水泵能力的25%。为保证主排水泵的安全运行，必须做好以下工作：

1. 泵在启动前，用手转动联轴器，泵的转动部分应该灵活均匀。每次启动泵都应重复进行此步骤，发现卡死现象应及时维修。

2. 向泵内注满水或抽出泵内空气，并关闭泵出水口管路上的闸阀和压力表旋塞。要保证泵内充满水，无空气运转。

3. 点动电动机，检查泵的旋转方向是否正确。水泵的旋转方向：从电动机方向看，泵为顺时针方向旋转。

4. 启动泵后，打开压力表旋塞，并逐渐打开泵出水口管路上的闸阀，待压力表显示压力满足要求时即可。

5. 检查各部轴承温度是否超限：滑动轴承温度不得超过 65 ℃，滚动轴承温度不得超过 75 ℃；润滑轴承的润滑油脂每工作 120 h 应更换一次，检查电动机温度是否超过铭牌规定值，检查轴承润滑情况是否良好（油量是否合适，油圈转动是否灵活）。

6. 填料的松紧程度应适宜，每分钟的渗水量为 10~20 滴，否则应调整填料压盖。但填料不能压得太紧，否则会使电动机电流增大或烧坏填料。

7. 泵运行中出现下列情况时，必须紧急停泵，切断电源，关闭出水闸扳阀。

（1）水泵不上水。

（2）泵异常震动或有故障性异响。

（3）泵体漏水或闸阀、法兰滋水。

（4）启动超过规定时间，启动电流不返回。

（5）电动机冒烟、冒火。

（6）电流值明显超限或其他紧急事故。

（三）矿井通风设备的安全运行管理

矿井主要通风机作为保障矿井安全生产的重要设备，其功率大，而且要长期连续不断地运行。因此，矿井通风设备的安全运行管理是一项技术复杂、责任重大的工作。为了保证矿井安全生产并保持主要通风机高效运行，平时必须加强对主通风机的检查和维护保养。在雷雨季节到来之前，要对主通风机及其附属设备进行安全性检查，保证设备处于完好状态。

1. 矿井主通风机的安全运行管理

（1）备用通风机必须能在 10 min 内开动。

（2）严禁采用局部通风机作为主要通风机使用。

（3)装有主要通风机的出风井口应安装防爆门,防爆门每6个月检查维修一次。

（4）生产矿井主要通风机必须装有反风设施，并能在 10 min 内改变巷道中的风流方向；当风流方向改变后，主要通风机的供风量不应小于正常供风量的40%。

（5）因检修、停电或其他原因停止主要通风机运转时，必须制定停风措施。主要通风机停止运转期间，对于由一台主要通风机担负全矿通风的矿井，必须打开井口防爆门和有关风门，利用自然风压通风。

（6）在通风系统中，如果某一分区风路的风阻过大，主要通风机不能供给其足够风量时，可在井下安设辅助通风机。严禁在煤（岩）与瓦斯突出矿井中安设辅助通风机。

2. 矿井局部通风机的安全运行管理

（1）采用双电源、双风机、自动换机和风筒自动倒风装置

局部通风，应设双风机、双电源，并由专用开关供电。一套正常运转，一套备用。当一趟电路停电时，立即启用另一回路，使局部通风机能够正常运转，以保证继续向工作面供风。当常用局部通风机因故障停机时，电源开关自动切换，备用风机立即启动，从而保证了局部通风机的连续运转，继续向工作面供风。由于双风机共用一趟主风筒，且实现风机自动倒台，则连接两风机的风筒也必须能自动倒风。

（2）使用“三专两闭锁”装置

“三专两闭锁”的“三专”是指专用变压器、专用开关、专用电缆；“两闭锁”是指风、电闭锁，瓦斯、电闭锁。

“三专”的作用是保证局部通风机的电源可靠，不受其他电器设备的影响。

“两闭锁”的作用是：只有在局部通风机正常供风、掘进巷道内瓦斯含量不超过规定限值时，方能向巷道内机电设备供电；当局部通风机停转时，自动切断

所控机电设备电源7；当瓦凝含量超过规定限值时，系统能自动切断瓦斯传感器控制范围内的电源，而局部通风机仍能正常运转。若局部通风机停转、停风区内瓦斯含量超过限值时，局部通风机便自行闭锁。重新恢复通风时，要人工复电，先送风，当瓦斯含量降低到容许值以下时才能送电。从而提高了局部通风机连续运转供风的安全可靠性。

（3）推广局部通风机地面遥讯技术

局部通风机地面遥讯技术是用来监视局部通风机开、停及运行状况的技术。对高瓦斯和煤与瓦斯突出矿井，使用的局部通风机要安设载波遥讯器，以便实时监控其运转情况。

（四）矿井压气设备的安全运行管理

空气压缩机也称为压风机，其作用一是向井下风动设备和工具提供动力；二是向井下压风自救器提供新鲜风流。为保证空气压缩机的安全运行，必须注意以下问题：

1. 压风机的安全阀和压力调节器必须动作可靠，安全阀动作压力不得超过额定压力的1.1倍。使用油润滑的空气压缩机必须装有断油信号显示器；水冷式空气压缩机必须装有断水信号显示装置。

2. 压风机的排气温度，单缸不得超过190 ℃，双缸不得超过160 ℃。必须装设温度保护装置。

3. 压风机必须使用闪点不低于215 ℃的压缩机油。

4. 在井下，固定式压风机和风包应分别设置在2个硐室内。风包内的温度应保持在120 ℃以下，并装有超温保护装置。

5. 在压风机的风包出口管路上必须装释压阀。释压阀的释放压力应为压缩机最高工作压力的1.25~1.4倍。释压阀应安装在距风包3~4 m处为宜，以减少排气温度的影响。

二、煤矿运输设备的安全运行管理

（一）带式输送机的安全运行管理

1. 采用滚筒驱动带式输送机运输时，应遵守下列规定：

（1）必须使用阻燃输送带。带式输送机托辊的非金属材料零部件和包胶滚筒的胶料，其阻燃性和抗静电性必须符合有关规定。

（2）巷道内应有充分照明。

（3）必须装设驱动滚筒防滑保护、堆煤保护和防跑偏装置。

（4）应装设温度保护、烟雾保护和自动洒水装置。

（5）在主要运输巷道内安设的带式输送机还必须装设输送带张紧力下降保护装置和防撕裂保护装置；在机头和机尾必须装设防止人员与驱动滚筒和导向滚筒相接触的防护栏。

（6）倾斜井巷中使用的带式输送机，上运时，必须同时装设防逆转装置和制动装置；下运时，必须装设制动装置。

（7）液力偶合器严禁使用可燃性传动介质（调速型液力偶合器不受此限）。

（8）带式输送机巷道中行人跨越带式输送机处应设过桥。

（9）带式输送机应加设软启动装置，下运带式输送机应加设软制动装置。

2. 采用钢丝绳牵引带式输送机运输时，必须遵守下列规定：

（1）必须装设下列保护装置，并定期进行检查和试验：过速保护；过电流和欠电压保护；钢丝绳和输送带脱槽保护；输送带局部过载保护；钢丝绳张紧车到达终点和张紧重锤落地保护。

（2）在倾斜井巷中，必须装设弹簧式或重锤式制动闸。制动闸的性能：一是制动力矩与设计最大静拉力差在闸轮上作用力矩之比不得小于 2，也不得大于 3；二是在事故断电或各种保护装置发生作用时能自动施闸。

3. 井巷中采用钢丝绳牵引带式输送机或钢丝绳芯带式输送机运送人员时，应遵守下列规定：

（1）在上、下人员的 20 m 区段内输送带至巷道顶部的垂距不得小于 1.4 m，行驶区段内的垂距不得小于 1 m。下行带乘人时，上、下输送带间的垂距不得小于 1 m。

（2）输送带的宽度不得小于 0.8 m，其运行速度不得超过 1.8 m/s。钢丝绳牵引带式输送机的输送带绳槽至带边的宽度不得小于 60 mm。

（3）乘坐人员的间距不得小于 4 m。乘坐人员不得站立或仰卧，应面向行进方向，并严禁携带笨重物品和超长物品，严禁扶摸输送带侧帮。

（4）上、下人员的地点应设有平台和照明。上行带下的平台长度不得小于 5 m，宽度不得小于 0.8 m，并应设有栏杆。上、下人的区段内不得有支架或悬挂装置。下人地点应有标志或声光信号，在距下人区段末端前方 2 m 处，必须设有能自动停车的安全装置。在卸煤口，必须设有防止人员坠入煤仓的设施。

（5）运送人员前，必须卸除输送带上的物料。

（6）应装有在输送机全长任何地点可由搭乘人员或其他人员操作的紧急停车装置。

（7）钢丝绳芯带式输送机应设断带保护装置。

（二）刮板输送机的安全运行管理

1. 启动前必须发出信号，向工作人员示警，然后断续启动，如果转动方向正确，又无其他情况，方可正式启动运转。

2. 防止强制启动。一般情况下都要先启动刮板输送机，然后再往输送机的溜槽里装煤。在机械化采煤工作面，同样先启动刮板输送机，然后再开动采煤机。

3. 在进行爆破时，必须把整个设备，特别是管路、电缆等保护好。

4. 不要向溜槽里装入大块煤或矸石，如发现就应该立即处理，以防损坏或引起采煤机掉道等事故。

5.一般情况下不准输送机运送支柱和木料等物。必须运输时，要制定防止顶人、顶机组和顶倒支柱的安全措施，并通知司机。

6. 启动程序一般由外向里（由放煤眼到工作面），沿逆煤流方向依次启动。

7. 刮板输送机停止运转时，要先停止采煤机，炮采时不要向输送机皇装煤。

8. 工作面停止出煤前，将溜槽里的煤拉运干净，然后由里向外沿顺煤流方向依次停止运转。

9.运转时要及时供水、洒水降尘。停机时要停水。无煤时不应长时间地空运转。

10. 运转中发现断链、刮板严重变形、机头掉链、溜槽拉坏、出现异常声音和有关部位的油温过高等事故，都应立即停机检查处理，防患于未然。

11. 刮板输送机的卸载端与顺槽转载机的机尾装煤部分，二者垂直位置配合适当，不能使煤粉、大块煤堆积在链轮附近，以免被回空链带人溜槽底部。成经常保持机头、机尾的清洁。

12. 在投入运转的最初两周中，要特别注意刮板链的松紧程度。刮板链在松弛状态下运转时会出现卡链和跳链现象，使链条和链轮损坏，并发生断链或底链掉道等故障。检查刮板链松紧程度最简单的方法是：点动机尾传动装置，拉紧链条，数一下松弛链环的数目。如用机头传动装置来拉紧链条，则需反向点动电动机，在机头处数一下松弛链环的数目。当出现 2 个以上完全松弛的链环时，需重新紧链。

我国许多煤矿在使用刮板输送机中积累了丰富的经验，其主要经验概括为四个字，即“平、直、弯、链”，这是保证刮板输送机正常运转的关键。平：即输送机铺得平；直：工作面成直线；弯：输送机缓缓弯曲，呈 S 形，避免急弯；链：链条装配正确，松紧程度适当，不能过松或过紧。

（三）矿用电机车的安全运行管理

采用电机车运输时，应遵守下列规定：列车或单独机车都必须前有照明，后有红灯；正常运行时，机车必须在列车前端；同一区段轨道上，不得行驶非机动车辆。如果需要行驶时，必须经井下运输调度室同意；列车通过的风门，必须设有当列车通过时能够发出在风门两侧都能接收到声光信号的装置；巷道内应装设路标和警标。机车行近巷道口、硐室口、弯道、道岔、坡度较大或噪声大等地段，以及前面有车辆或视线有障碍时，都必须减低速度，并发出警号；必须有用矿灯发送紧急停车信号的规定。非危险情况，任何人不得使用紧急停车信号；两机车或两列车在同一轨道同一方向行驶时，必须保持不少于 100 m 的距离；列车的制动距离每年至少测定一次。运送物料时不得超过 40 m，运送人员时不得超过 20 m；在弯道或司机视线受阻的区段，应设置列车占线闭塞信号；在新建扩建的大型矿井井底车场和运输大巷，应设置信号集中闭塞系统。

采用人车运送人员时，应遵守下列规定：每班发车前，应检查各车的连接装置、轮轴和车闸等；严禁同时运送有爆炸性的、易燃性的或腐蚀性的物品，或附挂物料车；列车行驶速度不得超过 4 m/s；人员上下车地点应有照明，架空线必须安设分段开关或自动停送电开关，人员上、下车时必须切断该区段架空线电源；双轨巷道乘车场必须设信号区间闭锁，人员上、下车时严禁其他车辆进入乘车场。

乘车人员必须遵守下列规定：听从司机及乘务人员的指挥，开车前必须关上车门或挂上防护链；人体及所携带的工具和零件严禁露出车外；列车行驶中和尚未停稳时，严禁上、下车和在车内站立；严禁在机车上或任何两车箱之间搭乘；严禁超员乘坐；车辆掉道时，必须立即向司机发出停车信号。

井下用机车运送爆破材料时，应遵守下列规定：炸药和电雷管不得在同一列车内运输。如用同一列车运输肘，装有炸药与装有电雷管的车辆之间，以及装有炸药或电雷管的车辆与机车之间，必须用空车分别隔开，隔开长度不得小于 3 m；硝化甘油类炸药和电雷管必须装在专用的、带盖的有木质隔板的车箱内，车箱内部应铺有胶皮或麻袋等软质垫层，并只准放一层爆炸材料箱。其他炸药箱可以装在矿车内，但堆放高度不得超过矿车上缘；爆破材料必须有井下爆破材料库负责人或经过专门训练的专人护送。跟车人员、护送人员和装卸人员应坐在尾车内。严禁其他人员乘车；列车的行驶速度不得超过 2 m/s；装有爆炸材料的列车不得同时运送其他物品或工具。

自轨面算起，电机车架空线的悬挂高度应符合下列要求：在行人的巷道内、车场内以及人行道与运输巷道交叉的地方不小于 2 m; 在不行人的巷道内不小于 1.9 m；在井底车场内，从井底到乘车场不小于 2.2 m；在地面或工业场地内，不与其他道路交叉的地方不小于 2.2 m。

电机车架空线和巷道顶或棚梁之间的距离不得小于 0.2 m。

单轨吊车、卡轨车、齿轨车和胶套轮车的牵引机车和驱动绞车，应具有可靠的制动系统，并满足以下要求 : 保险制动和停车制动的制动力应为额定牵引力的 1.5~2 倍。必须设有既可手动又能自动的保险闸。保险闸应具备以下性能；运行速度超过额定速度 15% 时能自动施闸；施闸时的空动时间不大于 0.7 s；在最大载荷最大坡度上以最大设计速度向下运行时，制动距离应不超过相当于在这一速度下 6 m/s 的行程；在最小载荷最大坡度上向上运行时，制动减速度不大于 5 m/s。

单轨吊车、卡轨车、齿轨车和胶套轮车的运行坡度、运行速度和载荷重量不得超过设计规定的数值，胶套轮材料和钢轨的摩擦系数不得小于 0.4。

在单轨吊车、卡轨车、齿轨车和胶套轮车的牵引机车或头车上，必须装设车灯和喇叭，列车的尾部应设有红灯。在钢丝绳牵引的单轨吊车和卡轨车的运输系统内，必须备有列车司机与牵引绞车司机联络用的信号和通信装置。

采用矿用防爆型柴油动力装置时，应遵守下列规定：排气口的排气温度不得超过 70 ℃，其表面温度不得超过 150 ℃；排出的各种有害气体被巷道风流稀释后，其浓度必须符合《煤矿安全规程》的规定；各部件不得用铝合金制造，使用的非金属材料应具有阻燃和抗静电性能。油箱及管路必须用不燃性材料制造。油箱的最大容量不得超过 8 h 的用油量；燃油的闪点应高于 70 ℃；必须配置适宜的灭火器。

三、矿井采掘设备的安全运行管理

（一）采煤机的安全运行管理

1. 采煤机上必须装有能停止工作面刮板输送机运行的闭锁装置。采煤机因故暂停时，必须打开隔离开关和离合器。采煤机停止工作或检修时，必须切断电源，并打开其磁力启动器的隔离开关。启动采煤机前，必须先巡视采煤机四周，确认对人员无危险后，方可接通电源。

2. 工作面遇有坚硬夹矸或黄铁矿结核时，应采取松动爆破措施处理，严禁用采煤机强行截割。

3. 工作面倾角在 15° 以上时，必须有可靠的防滑装置。

4. 采煤机必须安装内、外喷雾装置。截煤时必须喷雾降尘，内喷雾压力不得小于 2 MPa，外喷雾压力不得小于 1.5 MPa，喷雾流量应与机型相匹配。如果内喷雾装置不能正常喷雾，外喷雾压力不得小于 4 MPa，无水或喷雾装置损坏时，必须停机。

5. 采用动力载波控制的采煤机，当两台采煤机由一台变压器供电对应分别使用不同的载波频率，并保证所有的动力载波互不干扰。

6. 采煤机上的控制按钮，必须设在靠采空区一侧，并加保护罩。

7. 使用有链牵引采煤机时，在开机和改变牵引方向前，必须发出信号。只有在收到返回信号后，才能开机或改变牵引方向，防止牵引链跳动或断链伤人。必须经常检查牵引链及其两端的固定连接件，发现问题，及时处理。采煤机运行时，所有人员必须避开牵引链。

8. 更换截齿和滚筒上、下 3 m 以内有人工作时，必须护帮护顶，切断电源，打开采煤机隔离开关和离合器，并对工作面输送机实施闭锁。

9. 采煤机用刮板输送机作轨道时，必须经常检查刮板输送机的溜槽连接、挡煤板导向管的连接，防止采煤机牵引链因过载而断链；采煤机为无链牵引时，齿（销、链）轨的安设必须紧固、完整，并经常检查。必须按作业规程规定和设备技术性能要求操作、推进刮板输送机。

（二）刨煤机采煤的安全运行管理

1. 工作面应至少每隔 30 m 装设能随时停止刨头和刮板输送机的装置，或装设向刨煤机司机发送信号的装置。

2. 刨煤机应有刨头位置指示器，必须在刮板输送机两端设置明显标志，防止刨头与刮板输送机机头撞击。

3. 工作面倾角在 12° 以上时，配套的刮板输送机必须装设防滑、锚固装置。

（三）掘进机的安全运行管理

1. 掘进机在一般情况下的安全运行管理

（1）掘进机必须装有前照明灯或尾灯、必须装有能紧急停止运转的按钮。

（2）掘进机必须装有只准以专用工具开、闭的电气控制回路开关，专用工具必须由专职司机保管。司机离开操作台时，必须断开掘进机上的电源开关。

（3）开动掘进机前，必须发出警报。只有在铲板前方和截割臂附近无人时，方可开动掘进机。

（4）掘进机作业时，应使用内、外喷雾装置，内喷雾装置的使用水压不得小于 3 MPa，外喷雾装置的使用水压不得小于 1.5 MPa; 如果内喷雾装置的使用水压小于 3 MPa 或无内喷雾装置，则必须使用外喷雾装置和除尘器。

（5）在作业期间或是当掘进机接通电源后，严禁人员在掘进机前面、截割臂的回转范围内和运输机工作范围内停留。

(6)在改变掘进机的作业方位时,要事先提醒在工作范围内的所有人员注意。

（7）掘进机停止工作和维修以及交班时，必须将掘进机切割头落地，并断开掘进机上的电源开关和磁力启动器的隔离开关。

（8）如果需要在截割臂、铲板、刮板机、回转胶带输送机等部位下面作业，必须制定专门措施，防止意外下落伤人。

（9）在检修作业期间，必须防止机器误动作等危险情况发生。

（10）如果需要将机器从地面提起进行修理，应当在履带下面垫上木垛，以确保机器的稳定。

2. 掘进机在复杂条件下的安全运行管理

（1）在掘进过程中，煤层底板突然上升、底板起坡时，掘进机截割底板，应抬高截割头，使之稍高于装载铲板前沿。当完成一截割循环，机器前进时，装载铲板要稍抬起，相应地在变坡点要把掘进机履带适当垫高，避免出现履带跑空打滑。当装载铲板抬到与所掘巷道的坡度一致时，落下装载铲板，继续正常截割。

（2）在掘进过程中，煤层底板突然下降，开始截割下坡时，应注意把装载铲板前面的底板截割深些，浮煤务必清出，装载铲板落到与巷道底板一致时，才可正常作业。当坡度突然加大时，履带后边要垫以木板，使掘进机后部抬高，待装载铲板下的底煤掏净后，即可落下铲板，继续正常作业。

（3）过断层时，应根据预见断层位置及性质，提前一定距离调整坡度，按坡度线上坡或下坡掘进，以便逐步过渡到煤层。

（4）有淋水、涌水、积水时，遇有淋水，先把掘进机遮盖好，同时要及时检查电器绝缘情况，保证安全运转。下坡掘进涌水或淋水较大时，要勤清铲板两侧的浮煤，机器不平要垫木板。要注意截堵掘进机后的涌水，并安设污水泵及时排水。邻近巷道有大量积水时，要提前泄放积水。

（5）煤层软且倾角较大、掘进断面一帮见底、另一帮不见底时，必须注意掌握好掘进机的平衡。当巷道横向倾角大于5° 时，见底的一边可正常截割，不见底的一边履带处要留比底板高0.1 m的底煤，以便垫平履带；如果留底煤掘进机仍下陷倾斜时，可在履带下面垫上木板，使掘进机保持平衡。

（四）凿岩机的安全使用

新机器在使用前，须拆卸清洗内部零件，除掉机器在出厂时所涂的防锈油质。重新安装时，各零件的配合表面要涂润滑油。使用前应在低气压下(0.3 MPa)开车运转20 min左右，检查运转是否正常。

使用前需吹净气管内和接头处的脏物，以免脏物进入机体内使零件磨损，同时也要细心检查各部螺纹连接是否拧紧及各操作手柄的灵活可靠程度，避免机件松脱伤人，保证机器正常运转。

供气管路气压应保持在0.5~0.6 MPa范围内，若气压过高则零件易损坏；气压过低则机器效率下降，甚至影响机器的正常使用。

机器开动前注油器内装满润滑油，并调好油阀。工作过程中不得无润滑油作业。

机器开动时应先小开车，在气腿顶力逐渐加大的同时逐渐开全车凿岩。不得在气腿推力最大时骤然开全车运转，更不应当长时间开全车空运转，以免零件擦伤和损坏。在拔钎时，应以开半车为宜。

钻完孔后，应先拆掉水管进行轻运转，吹净机器内部残存的水滴，以防内部零件锈蚀。

湿式中心注水凿岩机，严禁打干眼，更不允许拆掉水针作业，防止运转不正常及损坏阀套。

经常拆装的机器，在凿岩时应注意及时拧紧螺栓，以免损坏内部零件。

已经用过的机器，需要长期存放时，应拆卸清洗、涂油封存。

（五）装载机的安全运行管理

常用的装载机有铲斗装载机、耙斗装载机和蟹爪装载机。

1. 铲斗装载机的安全运行管理

（1）禁止任何人靠近铲斗的工作范围。

（2）工作时，禁止清扫链条和减速器外壳的岩尘，不允许站在装载机上注油。

（3）操作操纵箱上的按钮时应注意前后人员的安全，以免挤伤人员。

（4）铲斗在提升时，如果只用牵引链条拉住，没有用特殊横杆来支撑，则禁止在铲斗底下进行任何工作，以防铲斗下落压伤工作人员。

（5）装岩前，应对岩堆洒水，如果没水或洒水装置损坏都不能开机装岩。

（6）装载机上的照明装置一定要完好，爆破时要有防护措施。

（7）装载机工作和检修时，工作人员，特别是跟班领导要注意掘进头的情况。发现有透水、冒顶、煤岩突出征兆时，应立即组织人员撤离到安全地点，并采取相应措施。

（8）拆除或修理电气设备时，应由电工操作，并严格遵守停、送电制度。

（9）司机必须持证上岗，不经培训，没有上岗证的人员禁止登机开车。

（10）司机在离岗时，必须切断电源，锁上开关。

2. 耙斗装载机的安全运行管理

开车前一定要发出信号，机器两侧及绳道内不得站人，司机一侧的护栏应完好可靠，以免伤人。

耙装作业开始前，甲烷断电仪的传感器，必须悬挂在耙斗作业段的上方。操作时，两个制动闸只能一个紧闸，另一个松闸，否则会引起耙斗跳起，甚至拉断钢丝绳。操作时钢丝绳的速度要保持均匀。

悬挂钢丝绳的尾轮一定要固定好，打楔眼时要有一定的偏角。安装固定楔处的岩石要坚硬，以防止由于固定楔不牢靠，在工作过程中拉脱伤人。

选好装岩位置后，还要把机身固定好，防止在工作过程中活动。在上、下山使用耙装机时，更应该注意耙装机的防滑，以防止机器下滑而伤人。用在下山时，若坡度大于100°，除原有的4个卡轨器外，可在车轮前面加两道卡子或在车轮后面再加2个卡轨器。坡度大于10°时，须另加一些防滑装置来固定，如常用4个U形卡子把车轮与导轨一起卡住。用在上山时，除用卡轨器、道卡子、U形卡子固定外，可在台车后的立柱上加 2 个斜撑，这样不仅能起安全防滑作用，而且还能支撑机器。

耙斗耙取岩石时，若受阻过太或过负荷，要将耙斗退 1~12 m，重新耙取，不得强行牵引，以免造成断绳或烧毁电动机等事故。

在工作中应随时注意各部声响及电动机与轴承温度。注意钢丝绳的磨损情况。

电气设备不得失爆；工作面的瓦斯浓度不应超过 0.5%。

在无矿车或箕斗时，不能将岩石堆放到溜槽上。爆破前应将耙斗拉到机器前端，以免埋住。爆破后检查隔爆装置、电缆和溜槽后再进行工作。

在拐弯巷道工作时，要设专人指挥，尤其是在弯道超过 10 m 时，要设 2 个专人用信号指挥，1 个在作业面，1 个在拐弯处。

耙装机作业时，其与掘进工作面的最大和最小允许距离必须在作业规程中明确规定。高瓦斯区域、煤与瓦斯突出危险区域的煤巷掘进工作面，严禁使用钢丝绳牵引的耙装机。采掘工作面的移动式机器，每班工作结束后和司机离开机器时，必须立即切断电源，并打开离合器。

采掘工作面各种移动式采掘机械的橡套电缆，必须严加保护，避免水淋、撞击、挤压和炮崩。每班必须进行检查，发现损伤，及时处理。

3. 蟹爪装载机的安全运行管理

开车前一定要发出信号，机器两侧及绳道内不得站人，司机一侧的护栏应完好可靠，以免伤人。

运转中应随时注意机器各部运转声音及温度，减速箱温升不得超过 65 ℃，电动机外壳温升不得超过 75 ℃。

严禁摩擦离合器中的摩擦片长期打滑。

应对各操纵手把加以保护，以免煤块挤压损坏。

运行中应注意履带和刮板链的松紧状态。

机器在运行中严禁注油和清扫煤尘，待机器停止转动后将煤尘清扫干净。

装载工作结束后，应将机器移到顶板良好、底板干燥并距工作面至少 15 m 外的地方。

四、矿井支护设备的安全运行管理

（一）液压支架的安全使用管理

1. 液压支架的正常使用

（1）准备

支架操作人员要经过专门的培训，使用了解液压支架的基本原理，操作要点，各部件的功能以及主要故障的排除等知识。

操作前，应首先观察前方顶底板，清除各种妨碍支架动作的障碍物，如浮物、杂物、台阶等。支架周围的人员随时应注意观察、警戒，以免发生事故。

检查液压管路，接头等是否完好，如有松脱、损坏等现象应立即进行处理。

（2）升柱

①移架到位后应及时升柱。

②为了保证支架有足够的支撑力，在没有装设初撑保证系统时，支架升柱动作应保持足够长的时间，也可让手把停留在升柱位置 1~2 min 后再扳回。

③顶板上的矸石，切眼内的顶梁等应清除后再升柱，以保证支架与顶板接触严密。

④支架需要调整时，应先调后升柱。

死多排立支架升柱时，更使前后排立柱的动作协调，使顶梁平直、接顶良好。

（3）降架移架

①降柱量应尽可能减少。当支架顶梁与顶板间稍有松动时，立即开始移架。在顶板比较破碎的情况下，尽量采用“擦顶移架”方法 (边降边移或者卸载前移) 有条件时应采用带压移架方法

②降柱移架动作要及时。一般对及时支护方式的支架，在采煤机后滚筒通过之后就可降柱移架。当顶板较好时，滞后距离一般不超过 3~5 m，在顶板较破碎时，则应在采煤机前滚筒割下煤后立即进行，以便及时支护新暴露出的顶板，防止局部冒顶。在采用后一种移架方式中，支架工与采煤机司机要密切配合，防止挤伤人或采煤机割支架顶梁等事故。

③移架时，速度要快，要随时调整支架，不得歪斜，保持支架中心距，保持

与输送机垂直。移架应移到位。移架后，应使工作面保持平直。

④为避免空顶距离过大造成冒顶，相邻两架不得同时降架和移架。

⑤在有地质构造和断层落差较大的地方，严加控制支架的降柱；不可降得太多，防止钻入邻架。

⑥工作面支架一般采用顺序移架方式。避免在一个工作面内有多处进行降、拉、移架的操作。根据防倒防滑的要求，可先移排头第二架。工作面支架可选择由工作面下方或上方相反方向的移架顺序。

（4）推溜

①推移输送机必须在采煤机后滚筒的后面 10 m 以外进行。

②根据工作面情况可采用逐架推溜间隔推溜，几架同时推溜等方式，避免将输送机推出“急弯”。

③推溜时应随时调整布局要推够进度。除了移动段有弯曲外，输送机的其他部位应保持平直，以利采煤机工作。

④工作面输送机停止运转时，一般不允许进行推溜。

⑤推溜完毕后，必须将操作阀手把及时复位，以免发生误动作。

（5）平衡千斤顶

①在一般情况下，即顶板变化不大，降架又很少时，可不必操作千斤顶。

②如果顶板较破碎，在升柱后可伸出平衡千斤顶，以增加顶梁前端支撑力。

③若顶板比较稳定，可在升柱后收缩平衡千斤顶，使支架合力作用点后移，提高切顶能力。

④要避免由于平衡千斤顶伸出太多，而造成支架顶梁只在前段接顶的现象。

（6）侧护板

①般情况下不必伸出或收回活动侧护板。只有当支架歪倒，需要扶正时，才在支架卸载状态下将可活动侧护板伸出，顶在固定住的下部支架上，可使支架调整到所需位置。

②尽量不要收回活动侧护板，以免架间漏矸。

（7）护帮装置

①采煤机快要割到时，应及时收回护帮装置，以防止采煤机割护帮板。

②采煤机割煤并移完支架后，要及时将护帮装置推出，支撑住煤壁。

③动作要缓慢平稳，防止伤人。

（8）防倒、调架、防滑装置

①支架歪倒，下滑或斜歪时，要及时操作调整。

②注意操作顺序以及正常操作之间的配合关系。一般，调整支架要在卸载状态下进行。

③动作要缓慢，边操作、边观察支架调整的状况以及顶板情况。

④推溜时，防滑千斤顶不得松开，以防止推移过程中支架下滑。

2. 液压支架在困难条件下的使用

（1）过断层

若工作面内有落差大于采高的走向断层，则以断层为界，将歪作面分为两段，沿断层掘进中巷，可用作运煤巷。

对于落差大致等于或小于煤层厚度并与工作面斜交的断层，一般可强行通过。为使断层和工作面交叉面积尽量减少，应事先调整工作面方向，使工作面煤壁与断层保持一定角度。夹角越大，就愈容易维护。一般以 25°~35° 较好。

遇到断层时应提前开始使支架逐渐走上坡或者下坡。当断层落差较小时，只要控制采高、留煤顶或煤底，形成一个人为坡度就可以通过断层，如果断甓豁誊较失，则可用采煤机切割或放炮法挑顶，卧底，形成人为坡度，强行通过断层。一般，当岩石硬度在普氏系数 4 以下时，可直接用采煤机切割，岩石硬度再高时，则用打眼放炮法。此时应打浅眼，少装药，放小炮。防止崩坏液压支架的立柱和其他部件，可用悬挂挡矸皮带等方法保护。

通过断层时，顶板一般比较破碎，有时还伴有煤壁片帮。因此要及时采取措施，防止冒顶与片帮。

通过断层时，液压支架往往处于极限工作位置，容易出现歪倒，顶空等情况。而且由于局部条件的恶化，架与架之间的工作状况有很大出入。所以操作支架时要注意观察相邻支架的状况和顶板情况，谨慎小心，防止损坏支架。

由于断层区顶板比较破碎，故应及时移架，尽量采用擦顶或带液压架方法，降柱不要太多。

（2）过老巷

由于老巷周围岩层变形和破坏，工作面通过时，往往矿压增大，顶板都难于为维护。特别是年久失修的空巷，通过时困难更大。因此应尽量使工作面与老巷成斜交布置，这样可以逐段通过老巷，避免整个工作面同时通过。

过本层老巷时，应事先将老巷修复。如老巷已不通风，则应首先通风排出有害气体。修复老巷的主要方法是加强支护。可架设木垛，加设锚杆，顶部铺金属网。一般，可支设一梁二柱或一梁三柱的抬棚。棚梁方向基本与工作面煤壁垂直，抬棚间照一般为 0.5～1.0 m。工作面通过时，可先撤除一根棚腿，使支架顶梁托住木棚，然后移架。

当老巷位于工作面底板岩层时，要用木垛等措施加强老巷盼支护，防止支架通过时下陷。

当老巷位于工作面顶板岩层时，必须采取加设木垛、打密集支柱等方法，使上覆岩石的压力均匀传递到工作面支架上。

（3）破碎顶板

及时移架，减少支护滞后时间。擦顶或带压移架，减少礁磐畸顶褫岩层的活动和破坏。机车应在列车前端（调絮或处理事故时，不受此限）；当顶板破碎，片帮严重时，可以超前移架，即在采煤机未割煤之前先移架，以便及时控制顶板。

在支架顶梁上铺金属网。要注意保证搭接长度，一般要大于 200 mm。可根据顶板破碎的范围，适用垂直或顺着工作面的铺网方法。

在采煤机割煤后，如果新暴露出来的顶板在短时间内不冒、而在支架降移时才可能冒落，则可以用挑顺山梁的方法架设长梁，还可铺金属网片、荆芭片等；若互作面顶板割煤后很快就冒落，应架设走向梁，使梁的一端支在煤壁里或支在临时支柱上，另一端则架在支架顶梁上。

提前对工作面前方顶板进行化学加固，提高顶板的完整性。

（4）坚硬顶板

采用顶板高压注水软化或者人工强制放顶措施，防止硬顶太面积来压对工作面支架的威胁。

支柱的立柱应选用装有大流量安全阀和抗冲击结构的立柱；防业工作面顶板突然来压时造成立柱的弯曲和鼓爆。

（5）软底板

工作面在基本满足冷却、灭尘的前提条件下，尽量减少用永：防止松软底板遇水后膨胀、鼓起。

当底座陷入底板不深时，可在底座下垫入木板，方可前移。

底座陷入底板较深，可在顶梁下打一斜撑柱，然后降立柱，便可将底座抬起，垫入木板，利于移架。

利用相邻支架的千斤顶，将本架支架底座上抬，以便完成移架。有的支架为适应软底板要求，装设有抬底座千斤顶。

强行移架，如用增压法、加辅助千斤顶等方法。

（二）单体液压支柱的安全使用管理

工作面的支柱、铰接顶梁、水平楔均应编号，实行“对号入座”。

支柱下井前要根据试验，达到标准方可下井，新到支柱要按煤炭部颁发的单体液压支柱出厂验收标准，及时组织验收，合格的要求不同型号、规格编制永久矿号，同时建立账卡、牌板，做到数量清、状态明。

不同性能的支柱不准混用，不准在炮采工作面或淋水较大，特别是在有严重酸碱性淋水工作面中使用。

工作面等每班应设专职支柱管理员 2 人，负责支柱、顶梁、水平楔的清点、管理，处理一般故障，更换失效三用阀和破损顶盖工作。

使用单体液压支柱的矿井，必须制订防止丢失和无故损坏的各项制度。以及奖惩办法。

内注式单体支柱的注油工作，要固定专人负责。要按规定的乳化油牌号，严格过滤，定期注油，保持支柱内的正常油量。

工作面使用的支柱要根据保持完好状态，在籍支柱完好率不低予 90%。

支柱搬家转移，应有专责队伍负责，使用专用车辆；建立责任制和验收交接手续，认真进行清点，核对数量；对搬运转移造成严重损坏或丢失者，要追查责任给予经济制裁。

工作面上必须有 10% 左右的备用支柱，整齐竖放在互作面附近安全、干燥、清洁的地点。

要按“作业规程”规定的柱距，排距支设支柱，迎山角度合遥，支柱顶盖与顶梁结合严密，不准单爪承载。中煤层和大倾角煤层工作面的人行道两排支柱要使用绳子连接拴牢，以防失败支柱歪倒伤人。

工作面必须放炮时，要采用防止损坏支柱的有效措施，并报矿总工程师批准。

支柱支设前，必须检查零部件是否齐全，柱体有无弯曲、凹陷，不合格的支柱不准使用。

支柱除顶盖和外注式支柱的阀组件可在井下更换外，其他不准在井下拆卸修理。

长期没有使用的支柱，使用前，应先排出空气。支设后如果出现活柱缓慢下沉时，则应升井检修。

外注式支柱升柱前，必须用注液枪冲洗阀嘴，回柱时必须使用专用手把，严禁使用其他工具代替。

不准用锤镐等硬物直接敲打、碰击柱体和三用阀，回撤支柱，必须悬挂牢靠的挡矸帘，防止顶梁和大块矸石碰砸支柱。

工作面初次放顶前，必须采用相应的技术措施，以增加支柱的稳定性和防止压坏支柱。工作面上闲置与回撤的支柱必须竖放，不准倒放或平放在底板上。严禁使用支柱移刮板输送机。

如果发生支柱压死，要先打好临时支柱，然后用挑顶卧底的方法回撤，不准用炮崩或用机械强行回撤。

外注式支柱工作面必须配有足够的注液枪，每 20~30 m 装备一支为宜，上、下顺槽处要适当加密，用完后的注液枪应及时悬挂在支柱手把体上，不得随地乱放。

地面闲置，待修的支柱不得露天存放，要分类存放在空气干燥、室温在 0 ℃以上的检修车间或库房中，长期闲置的支柱，要放出乳化液（油）。

（三）乳化液泵站的安全运行管理

乳化液泵站是综采工作面关键设备之一，泵站是否运行正常、安全，直接影响工作面的生产与安全。为保证乳化液泵站的安全运转，应做好下列工作：

操作人员要注意观测泵站压力是否稳定在调定范围之内。压力变化较大时，应立即停泵，查明原因进行处理。

操作人员要注意设备运转声音是否正常。要观察阀组动作的节奏、压力表和管路的跳动情况，发现有异常现象时要立即停泵。

注意润滑油油面高度，应不低于允许的最低油面高度，油温应低于 70 ℃。

泵站在运行过程中，如发现危及人身或设备安全的异常现象或故障时，应立最口停泵检查，在未查明原因和排除故障之前，严禁再次启动。

检修泵体，更换密封圈、连接件、管接头、软管等承压件时，必须先停泵，并将管路系统中的压力液释放后，方可进行工作，以免高压液伤人。

泵站运行时，不得用安全阀代替自动卸载阀工作，也不得用手动卸载阀代替自动卸载阀调压。

决不允许用氧气或空气代替氮气向蓄能器胶囊充气，以免发生爆炸。

对保护和附属装置如安全阀、卸载阀、蓄能器、压力表等要加强检查，发现失效时，应立即更换。

正在运行的泵发生故障时，应按操作规程启动备用泵。如备用泵也不能启动，应立即处理，并通知工作面有关人员。

五、煤矿机械设备维护管理

（一）矿井提升机的维护管理

1. 矿井提升机在运行中的有关规定

（1）信号规定

提升司机操作时必须按信号执行。

①每一提升机除有常有的声光信号（同提升机控制电路闭锁）外，还必须有备用信号装置。井口和提升机操纵台之间还应装设直通电话或传话筒。

②司机必须熟悉全部信号的使用，并逐步掌握信号系统线路，提高处理事故的能力。

③司机如收到的信号不清或对信号有疑问时，不准开机，应用电话问清对方。待信号工再次发出信号后，再执行运行操作。

④司机接到信号后，因故未能及时执行，司机应立即通知信号工说明原因。申明前发信号作废，改发暂停，事后由司机通知信号工可以开机，待信号工重发信号，才可开机。

⑤司机不得无信号自行开机，需开机时，应通知信号工，待发来所需信号后，才可开机。

⑥提升机停止运转 15 min 以上，需继续运转时如信号工未与司机联系，就发出信号，那么司机应主动与信号工取得联系，经联系后才可开机。

⑦司机如收到的信号与事先口头联系的信号不一致时，司机不能开机，应与信号工联系，证实信号无误时，才准开机。

⑧提升设备检验期间，经事先通知信号工，可由信号工发送一次信号（以后不需再等信号），就可以自由开机，待工作完毕后应通知信号工。

⑨提升机正常运转中，如出现不正常信号时，司机应按提升机在启动运行中的注意事项的要求，用工作闸或保险闸进行制动停机，然后取得联系，查明原因。

⑩全部信号（包括紧急信号和备用信号）每天应试验一次，以检查信号系统的动作是否可靠；常用信号发生故障时，司机应及时与信号工取得联系，改用备用信号。

（2）提升速度的规定

①提升机正常提矿石或其他物料的加速、等速及减速的时间不得小于技术定额规定的时间；当提升容器接近井口时，其提升速度不得大于 2 m/s。

②升降人员时的加速、等速及减速的时间，必须不小于技术定额中对升降人员规定的时间。

③运送炸药或电雷管时，罐笼升降速度不得超过 2 m/s；无论运送何种火药，吊桶升降速度都不得超过 1 m/s。司机在启动和停车时，不得使罐笼或吊桶发生震动。

④吊运大型特殊设备及其他器材需要吊挂在罐底时，其速度应按具体情况由吊运负责人与司机临时商定，一般不超过 1 m/s。

⑤用人工验绳的速度不大于 0.5 m/s，一般为 0.3 m/s。

⑥调绳速度不大于 0.5 m/s。

（3）监护制

①每台提升机，每班应有两名司机值班，在进行以下提升时，应执行监护制，即一人操作一人在旁边监护：升降人员、运送雷管、炸药等危险品、吊运大型特殊设备和器材、提升容器顶上有人工作。

②监护司机的职责如下：及时提醒操作司机进行减速、施闸和停机；必要时监护司机可直接操纵保险闸操纵手柄或紧急停机开关；在不需要监护时，非值班司机应进行巡回检查，擦拭机器，清理室内卫生，接待来人及其他必要的工作。

（4）提升司机应遵守的纪律

①在操作时间内，禁止与人谈话，信号联系只能在停机时进行，开机后不得再打电话联系；对监护司机的示警性喊话，禁止对答。

②司机在操作时间禁止吸烟，在接班上岗后严禁睡觉、打闹。

③司机操作时不得擅离操纵台。

④司机应轮换操作，每人连续操作一般为 0.5 h，最长不得超过 1 h，但在一钩提升中，禁止换人。

2. 矿井提升机的维护检查

（1）巡检

所谓巡检是指在提升机运转过程中，由非值班司机在开机前后及交接班时进行的一种巡视检查。巡检时按绘制的巡检路线进行，其主要方法是手模、目视、耳听等。巡检的重点有以下方面。

①制动系统的检查：施闸时，闸瓦与闸轮（或闸盘）接触是否平稳，有无剧

烈跳动和颤动；松闸时，闸瓦与闸轮（或闸盘）间隙是否符合规定值；闸瓦有无断裂，磨损剩余厚度是否超限；油压或气压系统是否漏油或漏气。

②各发热部位的温度是否超过规定值。

③各种仪表（电流表、电压表、压力表、温度计等）指示是否准确。

④卷筒转动时有无异常响声和震动。

⑤减速器传动过程中有无异响，油流指示器给油量是否正常，强制性润滑的内部油管喷油情况是否正常，通过油管查看油面的高低。

⑥深度指示器的指示位置是否正确。

⑦电气设备的检查：电动机滑环接触状况是否良好，有无火花，转动时有无异响和震动；各控制盘接触器的触点接触状况是否良好；各继电器动作是否正常。

⑧各连接件、紧固件的螺栓或螺钉、铆钉有无松动等。

在巡检中，发现问题要及时加以处理。司机自己能处理的，应亵即处理；司机不能处理的要及时上报，通知维修工处理。发现萌芽性问题，不能及时处理可作稍缓处理的，要继续认真观察，监视其发展情况，并及时向主管部门汇报。所有发现的问题及其处理的经过，都要及时记人交接班记录簿内。

（2）日检

日检主要是检查经常磨损和易松动的外部零件，以及控制盘上的各接触器触点接触的磨损情况，必要时进行修理、调整和更换。如果发现重大损坏时，应立即报告主管负责人设法处理。日检的具体内容如下：

用检查手锤检查各部分的连接零件，如螺栓、螺钉、铆钉、销轴等是否松动。

由检查孔观察减速器齿轮的啮合情况。

检查制动系统的工作情况，如闸轮（闸盘）闸瓦、传动机构、液压站、制动闸等是否正常，间隙是否合适。

检查润滑系统的供油情况，如油泵运转是否正常，输油管潞有无阻塞和漏油等。

检查深度指示器的丝杠螺母运动情况，保护装置和仪表等动作是否正常。

检查各转动部分的稳定性，如轴承是否振动，各部机座和基础螺栓（螺钉）

是否松动。

试验过卷保护装置，手试一次松绳信号装置，试验各种信号（包括满仓、开机、停机、紧急信号）等。

检查各种接触器（信号盘、转子控制盘、换向器等）触点磨损情况。磨损严重的要及时进行修理或更换，以保持有良好的接触。

检查调绳离合器、天轮的转动和轴承的润滑情况等。

检查提升容器及其附属机构（如阻车器、连接装置、罐耳等）结构情况是否正常。

检查防坠器系统的弹簧、抓捕器、联动杆件等的连接和润滑等情况。

检查井口装载设备，如推土机、爬车机、翻车机、阻车器、插台或罐座、安全门等工作情况。

按照《煤矿安全规程》的规定，检查提升机的钢丝绳工作情况和在卷筒上的排列情况。

（3）周检

由机电检修工配合进行，周检的内容除包括日检的内容外，还要进行下列各项工作：

检查制动系统（盘闸或轮闸），尤其是液压站和制动器动作情况，调整闸瓦间隙，紧固连接装置。

检查各种安全保护装置，如过卷、过速、限速等装置的动作情况。

检查卷筒的铆钉是否松动，焊缝是否开裂；检查钢丝绳在卷简挚的排列情况及绳头固定得是否可靠。

摩擦式提升机要检查主导轮的压块紧固情况及导向轮目 § 酶簿 i 彝毒挚等情况。

检查并清洗防坠器的抓捕器，必要时给以调整和注 i} 梅毒创动钢丝绳及缓冲装置的连接情况。

修理并调整井口设备的易损零件，必要时进行局部更换。

按《煤矿安全规程》的要求，检查平衡钢丝绳的工作状况。

（4）月检

由主管机电工程师和机电检修工负责，提升司机配合进行检查。月检的内容除包括周检的全部内容外，还须进行下列各项工作：

打开减速器观察孔盖和检查门，详细检查齿轮的啮合情况，检查轮辐是否发生裂纹等。

详细检查和调整保险制动系统及安全保护装置，必要时清洗液压零件及管路。

拆开联轴器，检查工作状况，如间隙、端面倾斜、径向位移、连接螺栓、弹簧及内外齿是否有断裂、松动及磨损等现象。

检查各部分轴瓦间隙。

检查和更换各部分的润滑油，清洗各部分润滑系统中的部件，如油泵、滤油器及管路等。

清洗防坠器系统并注油，调整各间隙。

检查井筒装备，如罐道、罐道梁和防坠器用制动钢丝绳、缓冲钢丝绳等。

试验安全保护装置和制动系统动作情况。

检查天轮衬垫的磨损情况，衬垫磨损量达到一个绳径时，应及时更换。

无论是日检、周检还是月检，都要做好记录，把检查结果和修理内容均记入检修记录簿，并由检修负责人签字。

3. 矿井提升机的维护检修

（1）小修

矿井单绳缠绕式提升机的小修一般按设备计划预修周期图表的规定进行。小修的目的是消除设备在使用过程中，由于零件磨损和维护保养不良所造成的局部损伤，调整或更换配合零件，恢复提升机的工作能力和技术状况，保证设备的正常运转。小修周期为：对直径 2 m 以下提升机的小修间隔一般为 3~6 个月；对直径 2.5 m 以上提升机的小修间隔一般为 6~12 个月。小修内容如下：

①检查、调整各部轴承间隙，紧固各部件的螺栓，必要时更换。

②检查各部齿轮的磨损情况，清洗各部联轴器，调整不同心度；更换蛇形弹簧。

③检查、清洗活动卷筒轴瓦及调整间隙、调整钢丝绳。

④检查、清扫滤油器、工作制动和保险制动缸、管网系统及更换润滑油、皮碗、胶圈等。

⑤更换制动器闸瓦、摩擦片，调整间隙，检查碟形弹簧；更换活动卷筒推离汽缸皮碗和行程限制器等。

⑥检查、清扫三通阀、四通阀和压力调节器，调整或更换电液转换阀磁铁和十字弹簧。

⑦检查、清洗限速发动机各部轴承及清扫电动机。

⑧检查、清洗深度指示器各部机构，更换轴套和齿轮。

⑨检查、清洗天轮轴承，更换天轮衬垫；检查井口装卸设备，如推车机、爬车机、翻车机、阻车器等。

⑩拆洗防坠器和进行定期试验工作。

（2）中修

中修与小修的差别是中修需要较周详地拆卸设备和检查其重要零部件的运转磨损情况，更换和修复使用寿命较长的零件，解决各部件间不协调状况。中修时；时常进行机组全部拆卸，清洗所有的部分，检查磨损及安全保护装置，更换和修理磨损的零件；并消除在小修中不可能消除的缺点。中修周期一般为 2~4 年。中修内容如下：

①小修全部内容。

②修理和更换滑动轴承，更换部分滚动轴承；修理或更换减速器的大、小齿轮。

③修理或更换操作和制动系统的各种杠杆、拉杆、连杆、卷筒木衬。

④车削或更换摩擦衬垫和钢丝绳、尾绳。

⑤修理或更换油泵和滤油器。

⑥车削制动轮。

⑦修理或更换推离汽缸、工作制动、保险制动缸。

⑧修理或更换天轮。

⑨更换电动机轴承及部分电气元件。

⑩更换其他不能维持到下次中修，而小修又不能处理的零部件。

（3）大修

大修的作用是完全恢复提升设备的正常状况和工作能力。大修包括小修和中修中所规定的全部工作：拆卸机器的全部部件，仔细地检查全部零件，修理或更换全部磨损部分；此外，修理或更换部分使用期限等于修理循环的大零件。大修周期一般6~12年。大修的主要内容如下：

①中修全部内容。

②修理更换卷筒主轴和轴承座。

③修理或更换减速器、齿轮联轴器。

④更换主轴轴瓦或抬起大轴进行下轴瓦的检查（或更换滚动轴承），调整大轴水平度。

⑤进行各轴间的水平度和平行度的检查或找正。

⑥彻底清洗和检查液压、气压制动系统，并进行更换零部件和调试工作。

⑦更换立井罐道、罐道梁及井口装置。

⑧更换主电动机及其他电控设备。

⑨彻底检查井架及附属部件，并进行除垢、除锈和涂漆工作。

⑩修理或更换其他不能维持到大修期间，而中修又不能处理的零部件。

大修后设备验收应编写文件，在文件中应能反映出修理的质量、更换零部件的名称和数量、对工作量的估计。

提升机的小、中、大修均应安排在元旦、春节、国庆节等假日和其他停产时间进行检修。

（二）矿井排水设备的维护管理

1. 矿井排水系统的维护管理

（1）每个矿井都必须及时填绘矿井排水系统图。排水系统图要反映出各水平、各区域的涌水源、涌水量、流水线路、巷道硐室标高、水仓容量、排水设备和排水能力、排水管路以及水闸门等，以便用于改善疏、排水系统和防止淹没井巷，在处理淹井事故时，指导排水、堵水。

（2）在每年雨季到来之时，必须对排水系统的所有设备、管路以及供电线路全面检查一次，对所有零配件应补充齐全，并对全部水泵（工作水泵和备用水泵）进行一次同时运行的排水试验，发现问题及时处理。

（3）水仓、沉淀池和水沟中的淤泥，每年至少清理两次，在雨季前必须清理一次。

2. 井下主排水设备的维护管理

（1）建立检修制度，按规定对水泵进行大、中、小检修。

（2）建立巡回检查制度，巡回检查水泵、排水系统、电气部分、仪表的运行情况，发现问题及时反映、及时处理。

（3）运行中要做到“勤、查、精、听、看”。勤：即勤看，勤听，勤摸，勤修，勤联系；查：即查各部位螺栓，查油量油质，查各轴承温度，查安全设备和电气设备，查闸阀和逆止阀好坏；精：即精通业务，精力集中；听：即听取上班的交班情况，听取别人反映，听机器运转的声音；看：即看水位的高低，看仪表指示是否正确和有无故障，看油圈甩油情况和润滑是否良好。

（4）做好泵体、电机、环形管路、阀门等防腐工作。

（5）做好压力表、真空表、电压表、电流表、电度表的整定、定期校验工作。

（6）雨季前做好水泵联合试运转。

3. 水泵的维护管理

（1）检查仪表、引线的状况是否损坏或老化，检查管路是否泄漏或松动。

（2）冬季暂时停泵时，把泵内的水放掉，避免将泵冻坏。

（3）长期不用泵时，应将泵卸掉、拆开，将零件涂防锈油，妥善保存。

（4）定期检查泵的性能及运行情况，并作详细记录，如发现问题应立即维修。

（三）矿井通风设备的维护管理

1. 矿井通风机的操作要求

（1）严格执行《煤矿安全规程》、操作规程及交接班制度。

（2）开机前要进行严格检查：

①检查所有进风门、反风门、井口防爆门的位置是否正确，风道内有无杂物。

②检查各传动部分及机件等有无裂纹，检查各部位螺钉是否可靠，联轴器是

否有异常声响，风硐、风门有无漏风现象。

③检查各润滑部分油脂是否清洁，油量是否充足。

④检查电气部分是否正常，负压计、温度传感器是否合乎规定。

⑤长时间停运或检修完毕的通风机，要测量绝缘电阻。

⑥检查电动机连接部位、接地位置是否可靠，盘车 1~2 转应灵活。

（3）当设备出现异常情况时，应立即停止运行，进行检查，并启动备用通风机。

（4）在使用通风机过程中，应备有运行、检修记录本，系统地记录通风机的运行情况。

（5）当需要反风时，应先切断电源，有制动装置的可使用制动装置使叶轮尽快停止运转，但必须等叶轮停止旋转后方可反转，否则有可能损坏设备。

（6）通风机在安装和检修后要进行调试和试运转，若出现异常应立即停止，并检修和调整。

（7）离心式通风机应该在关闭闸门的情况下启动，轴流式通风机应该在全开闸门或半开闸门的情况下启动。

2. 矿井通风机的维护管理

（1）通风机中所使用的仪器、仪表、传感器，应定期检查。

（2）要加强通风机在运转时的外部检查，注意机体有无漏风和不正常的振动。

（3）应每隔 10~20 min 检查一次电动机和通风机轴承温度，以及压差计、电压表、电流表与功率因数表的读数。

（4）应定期检查轴承内的润滑油量、轴承的磨损情况、轮叶有无弯曲和断裂以及轮叶的紧固程度。

（5）要注意检查皮带的松紧程度或联轴器的连接螺钉，必要时进行调整或更换。

（6）机壳内部和叶轮上的灰尘，应每季度清洗一次，以防锈蚀。对于轴流式通风机，为了防止支撑叶片的螺杆日久锈蚀，在螺帽四周应涂石墨油脂。

（7）按规定时间检查风门及其传动装置是否灵活。

（8）在处理电气设备的故障时，必须首先断开检查地点的电源。

（9）露在外面的机械传动部分和电气裸露部分要加装保护或遮拦。

（10）主要通风机应在3个月内小修一次，每年中修一次，3年大修一次，但也可根据设备状态适当提前或延期进行。检修的内容可根据日常预防的结果进行选择。

（四）矿井压风设备的维护管理

压风机是在高温、高压条件下连续运转的动力设备，经过长期的运行，其零部件会有不同程度的磨损，使其性能降低，甚至失效。为了保证压风机应有的性能，持续、正常地供气，要求操作和维护人员必须遵照有关规定，认真做好压风机的维护保养和检查修理工作。其内容可

分为“两保”和“两修”。“两保”指的是日常维护保养和定期保养；“两修”指的是项修和大修。“两修”是在“两保”的基础上来确定和进行的。

1. 矿井压风机的操作要求

（1）开机前的检查

①各紧固螺栓无松动。

②传动皮带的松紧适度，无断裂、跳槽、翻扭现象。

③护罩安装牢靠，电气设备接地良好。

④各润滑油腔油质合格，油量适当，油路畅通。

⑤冷却水畅通，水量充足，水质洁净，水压符合规定。

⑥超温、超压、断水、断油保护装置灵敏可靠。

⑦各指示仪表齐全可靠。

⑧电动机炭刷、滑环接触良好，无卡阻、无损伤。

⑨电气隔离开关、断路器应在断开位置。

（2）同步电动机异步启动后，增速至额定异步转速时，及时投入励磁牵入同步；励磁可以调至过激，以改善网络功率因数，但过激电流、电压应符合脐用励磁装置的工作曲线。

（3）绕线式异步电动机采用变阻器启动时，电动机滑环手把应a:E启动位置，启动前应将电阻全部投入，待启动电流开始回落时，逐步将电阻缓缓切除，直至

全都切除。电动机进入正常转速后，将电动机滑环手把打到“运行”位置，将启动器手把返回“停止”位置。

（4）感应电动机用频敏电阻启动时，启动后必须将电阻切掉。

（5）用手摇油泵将润滑油打入汽缸、十字头轴承及曲轴轴瓦等处。

（6）在卸压时，不论压力高低，都不能把放空阀门开得过大、过快，尤其是大中型、中压以上空气压缩机和高压部位的阀门，以防止气流速度过快而引起管道激烈振动或剧烈摩擦的静电起火，引起爆炸。

（7）当设备出现异常情况时，应立即停止运行，进行检查，并启动备用压风机。

2. 矿井压风机的维护管理

（1）日常维护保养

日常维护保养是压风机一切活动的基础，要求做到经常化、制度化。它是由操作人员在班前、班后和设备运行时进行。

①设备在运行中要经常认真地巡回检查，发现问题及时处理；停机后认真擦拭、清扫和进行必要的调整，做好各种记录，做到整齐、清洁、润滑、安全。

②日常保养工作的内容是检查设备的润滑、冷却系统及其调节装置、安全装置有无异常，对各处阀门应经常加油、旋动，保持清洁、灵活，以免锈蚀，尤其是室外的和很少操作的阀门。

③日常检查除了靠各种仪表来监测外，还要依靠操作者的五官感觉，即看、摸、听、闻结合运用的方法检查压风机的运转情况。

看：随时观察各级汽缸的工作压力和温度是否正常，冷却系统的效率和流量变化，润滑系统的工作情况，传动系统是否有松动现象，各个连接处是否有漏气、漏水、漏油现象等。

摸：触摸有关部位的发热程度，从而判定其摩擦、润滑及冷却状况。

听：声音异常处往往就是故障部位，若能采用话筒做检查设备运转声响的传送器，则效果会更佳。

闻：强烈的异味（如煳味、焦味等）则说明该处已损坏或缺油干磨，应迅速采取措施或停机处理。

（2）定期维护保养

在做好日常维护、检查工作的基础上，参照说明书的具体规定，进行系统分析，结合设备的实际使用状况，制订出经济、合理的定期维护保养制度。

①清洗进气阀、排气阀、汽缸、活塞、排气管道、冷却器，除去油垢积炭。

②清除空气滤清器滤网上的尘污积垢。

③调整校验安全阀、压力表、温度计，以确保其灵敏可靠性。

④拆洗曲轴，畅通油路，清洗油池。

⑤检查漏气、漏油、漏水处，消除日检时发现而未处理的问题。

（五）矿井运输设备的维护管理

1. 带式输送机的维护管理

（1）带式输送机事故勘察要点

①使用的输送带是否达到阻燃要求。

②巷道内照明是否充分。

③驱动卷筒防滑保护、烟雾保护、温度保护和堆煤保护装置装设情况及工作是否可靠。

④是否装设自动洒水装置和防跑偏装置。

⑤在主要运输巷道内安设的带式输送机是否装设输送带张紧力下降保护装置和防撕裂保护装置，是否在机头和机尾装设防止人员与驱动滚筒和导向滚筒相接触的防护栏，这些装置工作是否可靠。

⑥在倾斜井巷中使用的带式输送机，装设的防逆转装置或制动装置是否可靠。

⑦液力耦合器是否使用不可燃性传动介质。

（2）带式输送机事故预防措施

①使用合格的阻燃输送带。

②机道的消防设施要齐全。机道要设置灭火水管，每隔 50 m 设一个管接头和阀门。机头部要备有不少于 0.2 m^3 的黄砂和两个以上合格的灭火器，同时机头部要备有 25 m 长的消防软管。

③液力耦合器必须使用合格的易熔塞和易爆片，必须使用难燃液或水介质。

④经常检查和调整张紧装置，使输送带张力适宜。

⑤装载时要均匀，防止局部超载和偏载。

⑥输送带接头要严格按标准使用合格的输送带扣，并经常检查接头质量。

⑦巷道内安设带式输送机时，输送机距支护或碹墙的距离不得小于 0.5 m。

⑧在带式输送机巷道中，行人经常跨越带式输送机的地点，必须设置过桥。

⑨液力耦合器外壳及泵轮无变形、损伤或裂纹，运转无异响。

⑩下运带式输送机电机在第二象限运行（即发电运行）时，必须装设可靠的制动器，防止飞车。

2. 刮板输送机的维护管理

（1）《煤矿安全规程》对刮板输送机的规定

刮板输送机作为采掘工作面的重要运输设备，在矿井生产过程中，取代了大量的人力劳动，提高了生产效益，对此，《煤矿安全规程》作出明确的规定：

①采煤工作面刮板输送机必须安设能发出停止和启动信号的装置，发出信号点的间距不得超过 15 m。

②刮板输送机的液力耦合器，必须按所传递的功率大小，注入规定量的难燃液，并经常检查有无漏失。易熔合金塞必须符合标准，并设专人检查、清除塞内污物哆严禁用不符合标准的物品代替。

③刮板输送机严禁乘人。用刮板输送机运送物料时，必须有防止顶人和顶倒支架的安全措施。

④移动刮板输送机的液压装置，必须完整可靠。移动刮板输送桃时，必须有防止冒顶、顶伤人员和损坏设备的安全措施。必须打牢刮板输送机的机头、机尾锚固支柱。

（2）刮板输送机安全操作

①安装质量。保证安装质量，就必须使刮板输送机铺设达到乎、稳、直，这样才能使输送机安全运转，从而避免运转时链条跑偏、飘链、掉链、卡链等事故发生。

②检修制度。刮板输送机使用过程中，应定期检修，特别是易损部件更应经常检查。严格执行检修制度，把事故消灭在萌芽状态。

③操作管理。刮板输送机的操作应严格按照操作规程要求进行一无证司机不得操作刮板输送机。一旦发生事故时，必须及时停机，排除故障。

（3）刮板输送机的事故预防措施

①凡是转动、传动部位应按规定设置保护罩或保护栏杆，须横越输送机的行人处必须设置人行过桥。

②不准在输送机槽内行走，更不准乘坐刮板输送机。当需要运送长料时，必须制定安全措施，其操作顺序是：放料时，要顺刮板输送机运行方向，先放长料的前端，后放尾端；取料时，先取尾端，禁止先取前端。

③严格执行停机处理故障、停机检修的制度，停机后在开关处要挂上“有人工作，禁止开机”牌，并与采煤机闭锁。严禁运行中清扫刮板输送机。

④采煤工作面的刮板输送机，必须沿着输送机安设能发出停止或开动的信号装置，发出信号点的间距不得超过 12 m。开机前先发出信号，后点动试车，待观察没有异常情况时再正式开机。

⑤刮板输送机两侧电缆要按规定认真吊挂，特别是工作面移动的电缆要管好，防止落入机槽内被刮坏或拉断而造成事故。

⑥必须有维护保养制度，保证设备性能良好。

3. 矿用电机车的维护管理

（1）瓦斯矿井使用电机车的有关规定

①低瓦斯矿井进风（全风压通风）的主要运输巷道内，可使用架线电机车，但巷道必须使用不燃性材料支护。

②高瓦斯矿井进风（全风压通风）的主要运输巷道内，应使用防爆特殊型蓄电池机车或矿用防爆柴油机车。如果使用架线电机车，必须遵守下列规定：沿煤层或穿过煤层的巷道必须砌碹或锚喷支护；有瓦斯涌出的掘进巷道的回风流，不得进入有架线电机车的巷道中；采用碳素滑板或其他能减小火花的集电器；架线电机车必须装设便携式甲烷检测报警仪。

③掘进的岩石巷道中，可使用矿用防爆特殊型蓄电池电机车或矿用防爆柴油机车。

④瓦斯矿井的主要回风巷道和采区进、回风巷道内，应使用防爆特殊型蓄电池电机车或矿用防爆柴油机车。

⑤煤（岩）与瓦斯突出矿井和瓦斯喷出区域中，如果在全风压通风的主要风巷内使用机车运输，必须使用矿用防爆特殊型蓄电池机车或矿用防爆柴油机车。

（2）矿用机车事故的分析与预防措施

①事故原因

行人违章，如列车行驶时人在巷道中间行走，或蹬、扒、跳车或在不准行人的巷道内行走，从而造成伤亡事故。

司机违章，有的开车睡觉；有的未经调度允许擅自开车；有的不停车下车扳道岔；有的把头探出车外观望；有的违章顶车等。

管理人员素质低，如调度员错误调度等。

管理水平差，如巷道中杂物多，翻在道边的物体不及时清理，巷道中间用支柱支撑，巷道变形未及时处理等，都减小了行车空间，极易碰击车辆及人员；有的缺少必要的阻车器、信号灯，致使车辆误入禁区，造成危害。

②预防措施

教育广大职工严格遵守《煤矿安全规程》有关规定；电机车司机必须认真严格执行岗位责任制度和交接班制度，不允许擅自离开工作岗位；非电机车司机不得擅自开动机车。电机车有下列情况之一时不得使用：缺少碰头或碰头失效；制动装置不正常；车灯损坏或照明距离不足；连接装置失常；以上机车的撒砂装置不正常或砂子质量不符合要求；警铃或喇叭不正常；电气防爆部分失去防爆性能。

（六）采煤机的维护管理

1. 采煤机的日常检查

滚筒式采煤机的日常维护，主要由班检、日检、周检和月检四部分组成，即四检制。具体内容如下：

（1）班检

由当班司机负责进行，检查时间不少于 30 min。

①清扫擦拭机体表面，保持机体清洁卫生。

②检查各种信号、压力表和油位指示。

③检查各部位螺栓的紧固情况，主要是机身对口、底托架、摇臂与弧形挡煤板等部位。

④各部是否漏油、渗油。

⑤更换、补充磨损或丢失的截齿，检查齿座情况。

⑥检查电缆、电缆夹的连接与拖拽情况。

⑦检查各操作手把和按钮是否灵活可靠。

⑧检查牵引链、各连接环及张紧装置有无损坏及连接不牢固情况。

⑨检查防滑与制动装置是否可靠；检查冷却。、喷雾供水系统的压力、流量是否符合规定，喷雾效果是否良好。

⑩检查滑靴及导向滑靴与溜槽导向轨的配合情况，倾听各部运转声音是否正常，发现异常要查清原因并处理好。

（2）日检

由司机组长、包机人、机修工、机修班长在检修班进行，检查处理时间不少于 6 h。

①处理班检中不能处理的问题。

②处理电缆、电缆夹和水管的故障。

③紧固滑靴、机身对口连接螺栓和弧形挡煤板等处的螺栓。

④检查各部油位和注油点，并及时注油。

⑤检查冷却喷雾系统的供水压力和流量，处理漏水和喷雾泵故障。

⑥检查调斜、调高油缸是否漏油及销子固定情况。

⑦检查和处理牵引链、连接环和张紧装置的故障。

⑧检查处理防滑装置的故障；检查和处理操作手把和按钮故障。

⑨检查过滤器，更换不合格的纸滤芯。

⑩检查滚筒端盘、叶片有无开裂、严重磨损及齿座短缺、损坏情况，发现有严重问题应及时更换。

（3）周检（旬检）

由综机办主任（或机电科科长）、综机副总工程师、综机队机电队长、综机技术人员及日检人员参加，检查时间不少于 6 h。

①处理日检中处理不了的问题。

②按润滑图表加注油脂，油质符合规定，油量适宜并取抽样进行外观检查。

③检查清洗安装在牵引部外面的过滤器和磁性过滤器。

④检查支撑架、底托架各部的连接情况。

⑤检查电气控制箱的防爆接合面，保持干燥，无杂物，无油污。

（4）月检

由综采矿长或综机办主任组织周检人员参加，检查处理一般不少于 6 h，可根据任务量适当延长。

①处理周（旬）检查处理不了的问题。

②按油脂管理细则规定取油样化验和进行外观检查，按规定更换油、清洗油池，处理各连接部位的漏油。

③更换磨损过限的滑靴、牵引链和连接环。

④对电动机进行绝缘性能测试。

⑤检查处理滚筒连接螺栓，检查有无裂纹、磨损及开焊情况。

2. 采煤机的维修管理

除了做好采煤机日常维护工作，严格执行“四检”外，还必须执行定期强制性检修制度。按采煤机的检修内容分为小修、中修和大修三种。

（1）小修

采煤机小修是指采煤机在工作面运行期间，结合“四检”进行强制维修和临时性的故障处理（包括更换个别零件及注油），以维持采煤机的正常运转和完好。小修周期为 1 个月。

（2）中修

中修是指采煤机采完一个工作面后，整机升井由使用矿综机工厂进行检修和调试。中修除完成小修内容外，还包括下列内容：

①采煤机全部解体清洗、检验、换油，根据磨损情况更换密封圈及其他外供零件和组件。

②采煤机各种护板的整形、修理和更换，底括架及滑靴（或滚轮）的修理。

③截割滚筒的局部整形及齿座修复。

④导轨、电缆槽和电缆拖移装置的修理、整形。

⑤控制箱的检验和修复。

⑥整机调试，试运转合格后方可下井使用，并要求试验记录齐全。

中修由矿综机办或机电科负责。使用矿无定检能力的可送局总机厂中修，周期为4~6个月。

（3）大修

在采煤机运转2~3年，产煤量80万~100万t后，如果其主要部件磨损超限，整机性能普遍降低，并且具备修复价值和条件的，可进行恢复其主要性能为目的整机大修。大修除完成中修内容外，还须完成以下任务：

①截割部的机壳、端盖、轴承杯、三轴、摇臂利、褥臂韵修复或更换。

②摇臂的机壳、轴承座、行星轮架（系杆）、联接凸缘的修复或更换。

③截割滚筒的整形及配合面的修复。

④调高、调斜、张紧千斤顶的修复或更换。

⑤牵引部液压泵、液压马达、辅助泵及所有闽狰藏其他零件的修复或更换。

⑥牵引部行星轮机构的修复。

⑦冷却及喷雾系统的修复。

⑧电动机整机重绕或更换部分线圈，以及防爆接合面的修复。

⑨为恢复整机性能所必须进行的其他零件的修复或更换。

⑩整机调试、试运转合格后，喷涂防锈漆，准备出厂。

（七）掘进机的维护管理

1. 掘进机使用前的检查

（1）检查巷道支护情况。掘进工作面必须保证通风良好，水源充足，棚料和转载运输系统准备妥当。

（2）检查截齿磨损情况。各部的连接应牢固，各注油部位不得缺油，油量和油温符合规定要求。

（3）检查液压泵、液压马达和油缸有无异常响声，油温是否过高及泄漏情况。

（4）检查液压传动系统的管路和接头是否漏油，各仪表是否完整和准确。

（5）检查冷却降尘系统是否完整齐全，电缆连接情况及防爆面有无损伤。

（6）检查履带板、履带销轴、套筒和销钉等是否完好，履带轮和支承轮的转动是否灵活，履带张紧力是否适当。铲板、耙爪、六星轮是否完好，装载机构的运转是否正常。

（7）检查刮板输送机是否完好，开关箱和各操纵阀组手把是否在中间位置，动作是否灵活可靠，阀组是否漏油。

（8）检查转载机胶带、托辊是否完好，清扫装置是否合适。

2. 掘进机的日常维护管理

（1）日检

①检查截齿与齿座有无损坏、丢失，更换不合格的截齿。

②检查喷嘴是否损坏、丢失与堵塞，清理堵塞的喷嘴，更换补充喷嘴。

③在液压马达运转情况下，检查油箱内的油位，油位偏低应补充液压油。检查各减速箱中的油位，若油位偏低应补充润滑油。用油枪向备注油点注入润滑脂。

④拧紧松动的螺栓，检查所有的油管和水管是否有泄漏现象。

⑤应使所有控制连杆的动作灵活。

（2）周检

①检查履带板是否弯曲，有无断裂。检查履带链的张紧程度。

②检查各联轴器是否牢固可靠，转动是杏灵活。

③检查刮板链、溜槽及铲板的磨损情况，检查刮板链的张紧程度。

④检查带式转载机托架上的螺栓是否牢固可靠检查转载机的张紧程度和输送带连接扣是否完好。

⑤拆下铲板升降油缸的护罩，检查固定螺栓和软管是否紧固和完好。

⑥清洗和润滑所有的操纵手把。通过，压力表检查各油路的压力是否符合

要求。

（3）月检

①包括日检和周检的内容。

②将不符合要求的润滑油从减速器中旗精，重新注油到所要求的油位。

③使冷却水倒流，以清洗供水系统。

（4）季检：更换液压传动系统中的油，清洗油箱内部。

（5）半年检。

①检查所有减速器中的齿轮和轴承，必要时予以更换。

②拆下所有油缸，检查清洗或修理。

③用润滑脂润滑电动机轴承。

（八）装载机的维护管理

1. 铲斗装载机的维护管理

（1）经常用压缩空气或水吹洗装岩机的外露部分，特别是供斗柄滚动的两条导轨，以减少斗柄的跳动和磨损。

（2）检查钢丝绳的松紧和磨损程度。

（3）检查铲斗在装岩机上的位置是否正确。

（4）检查铲斗提升链条、缓冲弹簧、回转座、滚轮和提升卷筒等固定情况，勿使连接松动。

（5）检查所有连接件和固定件的松紧程度。

（6）检查减速器是否正常。

（7）电动机的外部散热片表面若积有岩尘，会降低电动机的散热效果，因此应定期清扫。

（8）按规定注油。

2. 耙斗装载机的维护管理

（1）经常检查钢丝绳在卷筒上是否整齐缠绕，两头连接得是否牢固可靠；检查钢丝绳的磨损情况，如钢丝绳断裂严重时应及时更换。

（2）检查制动器和辅助闸的松紧是否合适，绞车转动是否灵活可靠，如发现制动器不灵活应及时进行调试。

（3）检查卡轨器是否完好，动作是否可靠。

（4）检查导绳轮的固定情况，动作是否灵活可靠。

（5）检查各连接件有无松动及失落，对松动件应及时拧紧，并及时补上遗失件。

（6）检查电缆有无损坏，连接是否牢靠，以及电气设备的运行是否正常。

（7）经常清理电动机上的岩粉，以免电动机过热。

（8）检查各部的润滑情况，定期按质按量注入润滑油。

除对耙斗装载机进行维护外，还要进行必要的定期检修工作，一班一小修，一季一中修，一年一大修。

3. 蟹爪装载机的维护管理

（1）检查蟹爪工作机构、各减速箱、回转台的蛊轴、油缸柱塞和各操作手把等固定情况。

（2）检查中间减速器的套筒滚子传动链的运行情况和张紧状况。

（3）检查左、右制动装置的紧固情况和工作经置；要求动作可靠准确。

（4）各操作手把和按钮一定要完好，动作应暴活准确。

（5）检查注油处有无油塞及堵塞现象。

（6）检查履带、链轮及调整装置的工作状况和连接情况。

（7）检查左、右回转装置的连接情况及工作状况。

（8）检查电缆和电气设备应完好。

（九）液压支架的维护管理

1. 日常维护检查（日检）

（1）检查立柱、千斤顶和阀类等液压系统各部件有无漏液、窜液现象，发现问题应及时处理或更换部件。

（2）检查立柱和各种千斤顶的动作是否正常，动作时有无异常声响和自动下降等现象。

（3）检查推移千斤顶与支架、输送机的连接部件，若发现有裂缝或损坏时，要及时进行处理或更换。

（4）检查高压胶管有无卡阻、压埋及损伤，发现问题应及时处理或更换。

（5）检查所有接头处的O形密封圈和U形卡的完好程度，应及时更换处理不合格者。

（6）检查立柱和千斤顶，如发现有弯曲变形和伤痕，要及时处理。影响伸缩时要更换修理。

（7）检查立柱、千斤顶同顶梁底座各部件交接处的连接销轴是否灵活可靠，发现有滑出或损坏，应及时处理或更换。

2. 定期维护检修（周检）

（1）包括日常维护检查的全部内容。

（2）检查支架各部件之间连接销轴有无裂缝或损嘛，销轴是否在正确位置，定位零件是否完好无缺，发现问题应及时处理或更换。

（3）检查阀件及其他部位的连接螺栓，如有松动应露时拧紧。

（4）检查支架各受力部件是否有严重塑变，开裂或其他损坏。如有应及时报告，情况严重的应及时处理、更换。

（5）检查乳化液的配比和清洁情况，应保持清洁，控制配比。

3. 月检小修

（1）月检小修是在综采工作面使用期间的检修，一般每月利用一天处理日检和周检中所不能解决的问题。

（2）更换个别零部件，包括结构件等。

（3）不解体修理立柱、千斤顶和各种阀件等。

（4）集中处理或更换某些影响支架正常使用的零部件。

（5）综采队的支架小修记录应交矿机电科，并归入支架的设备档案。

4. 支架中修

（1）每采完一个工作面对支架进行检修。一般由矿机修厂进行，时间为6个月左右。

（2）全面对支架进行除污清洗和检查，并进行操作检验，认真对支架各部位的动作观察。

（3）更换立柱、千斤顶和液压阀中失效的密封件和其他零件。

（4）修复更换有损伤的销轴、螺栓及其他零件。

（5）清除液压系统中的污物，尤其对高压胶管，必要时进行更换。

（6）对各种结构件的局部翘曲和开焊进行整形和修补。

（7）补齐短缺零件，进行组装试验。经中修检验合格后，喷涂防锈漆。并将中修记录和试验结果装入设备档案。

5. 支架大修

（1）一般每3年大修1次。特殊情况，也可缩短表修时间。一般在局机修厂进行。

（2）对立柱和各种千斤顶进行清洗、修复和试验。

（3）对各种液压阀进行修理或更换零件，并进行组装调试。

（4）对支架所有结构件有严重变形和焊缝开裂处要进行整形和补焊。

（5）对各主要销轴、联杆等进行整形或更换。

（6）大修后支架应进行整架出厂试验，并将太修记录及试验结果装入设备档案。

（十）单体液压支柱的维护管理

（1）各局（矿）要建立高档普采设备、单体液压支柱检修车间，综采的局（矿）可合并建立。或由地区检修中心承担检修车间要配备必要的工程技术人员，检修人员的配备要和检修任务相适应。

（2）新增高档普采的矿，维修车间（或临时车间）必须在高档面投产前建成，以确保单体液压支柱的正常检测和维修。

（3）维修车间的面积可按部颁《关于综机设备集中管理和检修的若干规定》（暂行）设计。局（矿）维修车间设计时，要考虑专用配件的储存库。

（4）设备、支柱的检修要有明确的分工范围。一般要求：

①矿务局机厂或地区检修中心负责设备、单体液压支柱的大修工作；采煤机、乳化泵、单体液压支柱有一定备用量作为周转，进行大修时以旧换新。

②矿高档普采维修车间，负责高档普采设备、单体液压支柱的小修和日常维修、机组油脂管理更换。

③区队各维修人员负责日常检查、维护保养、记录设备运转状态，提供定期检修内容。

（5）设备和单体液压支柱要实行强制检修制。由局（矿）机电部门或有关业务部门统一编制计划，按计划进行检修。

（6）各局（矿）要编制设备检修维护保养细则，质量标准；单体液压支柱维修按部颁有关规定执行。

（7）实行检修责任制。对检修内容、更换零部件、测试检验结果、检修负责人要详细记录，存档备查。

（8）局（矿）的检修车间要配备必要的检测仪器设备，经过检修的设备及单体液压支柱必须做性能试验，达不到质量标准不准出厂。

（9）液压设备的检修场地，要经常保持清洁，无粉尘污染。解体检修的配件清洗时以使用中性洗涤剂液清洗为宜；严禁使用棉纱洗擦液压件、密封件。检修后要及时上架，易进粉尘的部位要封闭。

六、煤矿机械设备运行注意事项

（一）提升机安全运行中的注意事项

1. 提升系统安全运行中的注意事项

（1）罐道和罐耳的磨损达到下列程度时，必须更换：

①木罐道任一侧磨损量超过 15 mm 或其总间隙超过 40 mm。

②钢轨罐道轨头任一侧磨损量超过 8 mm, 或轨腰磨损量超过原有厚度的 25%；罐耳的任一侧磨损量超过 8 mm，或在同一侧罐耳和罐道的盛磨损量超过 10 mm，或者罐耳和罐道的总间隙超过 20 mm。

③组合钢罐道任一侧的磨损量超过原有厚度的 50%。

④钢丝绳罐道和滑套的总间隙超过 15 mm。

（2）摩擦提升装置的绳槽补垫磨损剩余厚度刁铆制、于钢丝绳直径，绳槽磨损深度不得超过 70 mm，任一根提升钢丝绳的张力与平均张力之差不得超过±10%。更换钢丝绳时，必须同时更换全部钢丝绳。

(3)加强对提升机房的管理。提升机房电控室消防与灭火管理包括以下内容：

①必须具备消防器材，如沙箱、沙袋以及防火锹、镐、钩、桶等。必须具备灭火器材，如二氧化碳灭火器、干粉灭火器和 25 m 长的消防软管等。

②灭火器要认真地做定期检查，防止失效；沙箱沙量不得少于 0.2 m^3，防火用具不得挪作他用；使用后应及时补充；消防用水应有一定的水量和压力。

③扑灭提升机房电控室的电火和油火时，应尽快切断电源，以防火势蔓延，并且防止触电。起火后绝缘能力降低，操作人员应使用绝缘用具，首先断开负荷开关，若无法断开开关时，应设法剪断线路。火灾发生后，应立即向矿调度室报告。灭火时，不可将身体或手持的用具触及导线和电气设备，防止触电。使用不导电的灭火器材（如二氧化碳灭火器、干粉灭火器等）。油着火时，不能用水灭火，只能用黄砂以及二氧化碳灭火器、干粉灭火器等器材灭火。

（4）提升设备电气火灾预防措施包括以下几种：

①保持电气设备的完好，发现故障及时处理。

②避免设备的温度过高。

③保持电气设备的清洁，电缆要吊挂整齐，及时清理设备的油污。

④电气设备近处不得存放易燃、易爆等物品。平时除指定位置外，不准吸烟；检修时，严禁吸烟。

⑤配备足够数量、不同种类的消防器材，并加强管理，定期检查、试验。用后应及时补齐。

（5）井下提升机电控室对风量和温度的具体要求如下：

①井下提升机主控室必须设有回风的通道或调节风窗。其回风断面和回风量应根据机电设备的类型、容量大小、提升能力、硐室断面等情况而确定。通风网络必须独立。

②保持适宜的温度。井下提升机主控室内的温度不得超过 30 ℃。当机电硐室的空气温度超过 34 ℃时，必须采取降温措施。

③必须检查瓦斯。特别是设置在采区内的提升机主控室，必须每班至少检查一次瓦斯浓度。

④检查机电硐室的风量是否合格，应检查发热设备周围距机壳 0.5 m 处的回风侧的温度，不超过 30 ℃为合格。

2. 提升容器安全运行中的注意事项

（1）立井中用罐笼升降人员的加速度和减速度，都不得超过 0.75 m/s，其最大速度不得超过 12 m/s。

（2）采用底卸外翻式卸载闸门的箕斗，当闸门打开时，其外缘轨迹超出箕斗的外形尺寸。提升过程中，闭锁装置一旦失灵，闸门打开，可严重损坏箕斗和井筒设施。

（3）箕斗提升系统必须采用定重装载并应有防止二次装载的保护，确保提升系统在额定载荷下运行。

（4）罐笼内阻车器必须安全可靠，在运行过程中受到震动、冲击等作用时，不得打开。

（5）北方矿区的冬季，当提升容器停在井口时间较长时，要注意容器是否冻结在井口罐道上，防止开车后造成松绳容器突然坠落的事故。

（6）提升容器的连接装置是提升系统的关键环节，应做到每天检查，定期注油。对于不能检查内部情况的重要部件，应做到定期拆开检修。

3. 提升钢丝绳安全运行中的注意事项

（1）要满足《煤矿安全规程》中规定的滚筒直径与钢丝绳直径的比值要求，以减轻钢丝绳的弯曲疲劳。

（2）钢丝绳在使用过程中注意定期涂油。对油品的要求是附着性好，震动、淋水、甩冲不掉；低温不硬化，高温不流失；防锈和润滑性好，不含碱性，并有一定透明度，以便于发现磨损和断丝，应采用专业的钢丝绳油。并注意与厂家制造时用的油脂相适应。摩擦轮式提升机绳只准使用增磨脂。

（3）禁止用布条等易断物品捆缚在钢丝绳上做提升容器位置的标记，这样会破坏钢丝绳在捆缚处的防护和润滑，导致该处严重锈蚀，易造成断绳事故。

（4）防止钢丝绳在运行中受到腐蚀、磨损或由于疲劳、卡阻等原因而被拉断。

（5）为防止断绳事故的发生，应注意做到以下几点：

①建立严格的维护检查制度，按《煤矿安全规程》的要求，坚持由专人每天检查断丝情况，做好记录。

②为防止井筒淋水从钢丝绳与楔形绳环连接处的缝隙进入，并浸入绳芯内部造成腐蚀，应用干油将钢丝绳与楔形绳环连接处封死。

③对摩擦轮式提升机装置提升容器至导向轮之间不绕过摩擦轮的一小段钢丝绳，应定期涂防腐油。对含有酸性淋水的井筒应采用镀锌钢丝绳。

4. 提升机运转中出现事故时司机应注意的事项

（1）提升机正在运转中如遇故障，安全保护装置动作，提升机突然停机，司机应立即进行下列工作：将手柄放在断电位置；将自动闸闸紧；检查突然停机原因。

（2）提升机正常运转中，由于提升机本身发生故障停机，司机能处理的，应立即处理，恢复开机，事后报告主管负责人，并记入交接班记录簿内，当司机不能自行处理时，应立即报告主管负责人。

（3）提升机因停电造成停机，司机应进行下列工作：

①将油开关拉开。

②将所有电气启动装置放于启动位置。

③与配电站取得联系，并报告主管负责人。

④待送电后重新启动开机。

（4）提升机在运转中由于保险制动突然动作而停机时，如有以下情况，必须检验钢丝绳及连接装置后，才能继续开机：

①钢丝绳猛烈晃动。

②绳速在 5 m/s 以上，制动减速度值在 3.5 m/s 以上时。

（5）提升机如因安全保护回路发生故障，司机在处理时，应立即处理恢复开机；如不能立即处理恢复时，而又有同类型保护（如过卷保护）可以短路其中之一的，在一人操作一人监护下恢复开机，事后报告主管负责人进行处理。限速装置发生故障，若不能立即进行修复时，应及时报告主管负责人采取有效措施（如加强监护、延长减速时间等）后，才可恢复开机。但最迟必须在24 h内修复使用。安全保护回路的其他部分，如发生断线、接地、接触不良等故障，而被保护部分的本身尚且正常，可以短路该故障电路或触点，在加强对该部位监视下恢复开机，同时报告主管部门，立即派人前来修理。

（6）提升机由于卡箕斗或罐座托住罐笼，开机时引起钢丝绳松弛，应立即停机进行处理。

①由于煤仓仓满卡住箕斗，开机后引起钢丝绳松弛，应与有关人员联系，及时处理。

②凡由于罐座托住罐笼，开机后引起钢丝绳松弛，应与信号工联系，在未处理完毕前，千万不能抽回罐座。

③松绳不多，钢丝绳又未发生扭结现象时，可以由司机慢慢反向开机，将绳卷回。

④松绳较多可能造成扭结时，司机应立即与钢丝绳检查工或修理工联系，在上述人员到达之前，司机应抓紧处理，慢慢反向开机，将绳卷回。

5. 提升司机操作要领

有经验的提升司机，通过多年的实践，总结了“一严”“二要”“三看”“四勤”“五不走”的操作要领。

“一严”是：严格执行《煤矿安全规程》及操作规程。

“二要”是：司机上了操纵台，手扶制动闸操纵手柄要坐端正，思想要集中。

“三看”是：启动看信号、方向、卷筒绳的排列；运行看仪表、深度指示器；停机看深度指示器或绳记。做到稳、准、快，即启动、加速、减速、停机要稳；辨明方向要准；停机位置要准；做到铃响、灯亮、提升机转，操作中遇到异常现象反应要快，采取措施要快。

“四勤”是：司机下了操纵台，要勤听、勤看、勤摸、勤检查。

“五不走”是：当班情况交代不清不走，任务没有完成不走，设备和机房清洁卫生搞不好不走，有故障能排除而未排除不走，接班人不满意不走。

（二）水泵安全运行中的注意事项

1. 每次启动泵前，应先关闭出水口闸阀及压力表旋塞，泵启动后，再逐渐打开出水闸阀及压力表旋塞。

2. 经常注意电流、电压的变化。当电流超过额定值或电压超过额定值的 ±5% 时，应停止水泵运行，检查其原因，并进行处理。

3. 经常注意观察压力表、真空表及吸水井水位变化情况。检查底阀或滤水器埋入水面深度是否符合要求，一般以埋入水面 0.5 m 以下为宜。水泵不得在泵内无水、气蚀情况下运行，不得在闸阀闭死情况下长时间运行。

4. 保证泵体与管路无裂纹，不漏水，泵体和排水管路防腐良好，吸水管直径不小于水泵吸水口直径。平衡盘调整合适，轴窜动量为 l~4 mm。。

5. 水泵每工作 1000 h，应进行检修，叶轮与密封间隙因磨损超过最大值的两倍时。应更换密封环。

6. 泵只允许在说明书规定的参数范围内运转，禁止超大流量运行，以免造成超负荷及振动、噪声增大。

7. 电气部分符合完好标准，仪表指示正确，泵房整洁。

8. 用户应根据说明书要求和现场情况，制定出合理的操作规程。

（三）通风机安全运行中的注意事项

1. 运转中要经常注意声音和振动，若有异常情况应停机检查。

2. 经常检查轴承温度，滚动轴承温度应小于 75 ℃，滑动轴承温度应小于 65 ℃。

3. 经常保证润滑系统油的质量及油量。

4. 若发现叶轮和机壳内壁有摩擦声，或叶轮松动的声音，必须停机检查。

5. 轴流式通风机叶片角度应保证一致，误差不超过 ±1。

6. 叶轮平衡，能在任何位置上保持停止状态。

7. 主轴及传动轴的水平偏差不大于 0.2%。

8. 弹性偶合器的胶皮圈外径与孔径差不大于 2 mm。

9. 齿轮偶合器的齿厚磨损不超过原齿厚的 30%。

10. 电动机、启动设备、开关柜符合完好标准，接地装置合格，各种仪表指示正确。

11. 通风机房防火设施齐全。

（四）压缩机安全运行中的注意事项

1. 检查各机体运行中有无异常声响与振动，尤其要注意气阀的声响。

2. 注意观察各压力表读数是否正常，压力表必须定期校验。一般对于终端压力为 0.8 MPa 的二级空压机，一级排气压力不得超过 0.25 MPa，二级排气压力不得超过 0.8 MPa; 对于终端压力为 0.7 MPa 的空压机，二级排气压力不超过 0.71 MPa。

3. 检查各部油位是否正常。

4. 检查各温度计读数是否正常：

（1）单缸的排气温度不得超过 190 ℃，双缸的排气温度不得超过 160 ℃，移动式的排气温度不得超过 180 ℃。对各级排气温度应装保护装置，在超温时能自动切断电源。

（2）机身油池油温不得超过 60 ℃。

（3）冷却水出水温度不超过 40 ℃，出入水温差一般在 6 ~ 12 ℃。

（4）经常检查电动机空压机各部位的温度是否正常。

5. 检查各仪表读数是否正常，各种安全防护装置是否可靠。

6. 空压机每工作 2 h（尤其夏季），需将中间和后冷却器中的冷凝水排放一次，每天排放风包中的油水一次或两次，并经常注意冷却水是否中断。

7. 在运转中一旦发生下列情况，应立即停机检查处理：

（1）压力表、电流表指示超限。

（2）空压机、电动机突然发生异常声响或振动。

（3）空压机发生严重漏气，润滑油突然中断。

（4）空压机、电动机温度超限。

（5）冷却水中断。发现断水后，切不可立即向汽缸水套内注入新冷却水，须在汽缸自然冷却后再供水。

（五）带式输送机安全运行中的注意事项。

1. 注意检查和调整输送带的跑偏问题。

2. 注意检查托辊的运转情况。托辊运转不灵对带武输送机的运行阻力、功率消耗，以及托混合输送带的使用寿命有严重影响。

3. 注意检查输送带的拉紧情况。张力过小将造成输送带打滑；张力过大则加剧滚筒磨损；功率消耗增加甚至造成断带。

4. 注意检查清扫装置，保证刮板与输送带之间的距离不大于 2 mm，并有足够压力，接触长度在 85% 以上。

5. 注意检查各运转部件的润滑状况。

6. 经常检查减速器及液力偶合器有无泄漏现象；定期检查液力偶合器的充油量是否合适，及时调整补充。

7. 要求输送机尽可能空载启动，并避免频繁启动。

8. 检查所有轴承温度是否正常。

9. 测试两电机的电流值，若功率分配不均应及时调节液力偶合器的充液量，或查明其他因素的影响，及时处理。

（六）刮板输送机安全运行中的注意事项

1. 刮板输送机司机必须经过培训，并持证上岗，保证司机懂结构，懂原理，懂维修。

2. 刮板输送机运行前，首先要检查司机王作漾酌支护情况，同时检查巷道内有无障碍物；然后对刮板输送机进行试启动，启动时要发出启动信号再正式启动，并观察电动机运行是否正常、电缆是否完好，确保输送机和人员的安全。

3. 刮板输送机的机头、机尾、机身各部件要认真进行检查。机头部分应检查液力耦合器和减速器，机座各部分是否牢靠，齿轮和链轮的磨损情况；机尾部分应检查安装的稳定情况，有无防护罩及是否有杂物等；机身主要检查链条与刮板的连接螺栓是否紧固，是否卡链条和链板等。

4. 刮板输送机不允许承载启动，一般情况下应先开后装煤。多台机启动时，应先外后里，最后启动工作面输送机，停刮板输送机时应先里后外，先停工作面输送机。司机应随时注意和观察刮板输送机的运行和刮板链的松紧情况，避免链子过松而造成链条掉道、卡链、跳链等，并在刮板输送机停止工作时，不得向刮板输送机上装煤。

（七）电机车安全运行中的注意事项

1. 电机车安全设施

（1）电机车的灯、铃（喇叭）、闸、连接器和撒砂装置应正常。

（2）防爆部分不得失爆。

（3）施闸时列车制动距离：运送物料时不应超过 40 m，运送人员时，不应超过 20 m。

（4）运行的机车应有司机棚室。

2. 电机车运行中的注意事项

（1）司机在电机车运行时要集中精力目视前方，接近风门、道口、硐室出口、弯道、道岔、坡度大或噪声大等场所以及前面有机车、行人时，双轨两列车会车时，应减速行驶，并发出警号。

（2）机车在运行中，机车应在列车前端（调絮或处理事故时，不受此限）。

（3）机车在运行中，司机不可将头和身子探出车外。

（4）顶车时蹬钩工引车，减速行驶，蹬钩工应站在前面第一个车空里，以防顶车掉道挤伤人员。

（5）两机车或两列车在同一轨道同一方向驾驶是，应保持不小于 100 m 的距离。

（6）列车停车后，不应压道岔，不应超过警示标志位置。

（7）停车后应将控制器手把搬回零位；司机离开机车时，应切断电源取下换向手把，搬紧手闸。

（八）采煤机安全运行中的注意事项

1. 没有经过培训（无司机证）的人员不得开车。

2. 采煤机禁止带负荷启动和频繁启动。

3. 一般情况下不允许用隔离开关或断路器断电停机（紧急情况除外）。

4. 无冷却水或冷却水的压力、流量达不到要求时不准开机，无喷雾不准割煤。

5. 截割滚筒上的截齿应无缺损。

6. 严格禁止采煤机滚筒截割支架顶梁和刮板输送机铲煤板等物体。

7. 采煤机运行时，随时注意电缆的拖移情况，防止损坏电缆。

8. 必须在电动机即将停止时操作截割部离合器。

9. 煤层倾角大于 100° 应设防滑装置，大于 16° 应设液压安全绞车（无链牵引时按有关产品说明书的规定执行）。

10. 采煤机在割煤过程中要割直、割平，并严褓控制采高，防止出现工作面弯曲和台阶式的顶板和底板。

11. 牵引部顶部的手动操作旋钮（柄），只允许在处理事故中使用。

12. 检查滚筒、更换截齿或在滚筒附近工作时，必须打开截割部离合器。

13. 开机前，应注意查看采煤机附近有无人员及可能危害人身安全的隐患，然后发出信号及大声喊话。

14. 司机在翻转挡煤板时要正确操作，防止其变形。

15. 注意防止输送机上的中、大异物带动采煤机强迫运行。

16 采煤机司机交接班时，认真填写运转记录和班检记录。

（九）掘进机安全运行中的注意事项

1. 首先启动液压系统的电动机，利用噪音报警，提醒附近人员撤离危险区。

2. 开始截割时，应使截齿慢速靠近煤岩，当达到截深后（或截深内）所有截齿与煤岩开始截割时，才能根据负荷情况和机器的振动情况来加大给进速度。

3. 当需要调速时，要注意速度变化的平稳性，以防止冲击。

4. 截割头在最低工作位置时（如底部掏槽、开切扫底、打柱窝、挖水沟等），严禁将装载铲板抬起。

5. 截割头横向进给截割时，必须注意与前刀的衔接. 应一刀压一刀地截割，重叠厚度以 150~200 mm 为宜。

6. 掘进机在前进或后退时，必须注意前后左右人员和自身的安全，同时注意防止压坏电缆。

7. 严禁手持水管站在截割头附近喷水，以防发生事故。

8. 操纵液压传动系统的控制阀组手把时，不能用力过猛，以免因液压冲击而损坏机件。

9. 当油缸行程至终点位置时，应迅速扳回操作手把，以免液压系统常时间溢流发热。

10. 截齿磨损或损坏时，不得开机。

11. 无冷却水不得开机。

12. 搞好截割、支护和转载则 3 个主要工序间的协调配合工作。

13. 从机器到工作面至少要有 2 m 的自由移动范围。当机器向前移动时放下铲板，后退时要抬起铲板。

14. 要及时清除机器周围的堆积物和煤岩。

15. 当割截头不转时，不要强使机器硬顶工作面，这样会造成回转台和截割臂内的轴承严重损坏。

16. 认真执行交接班制度。

（十）装载机安全运行中的注意事项

为提高装载机的装载效率，确保机器和人身安全，司机必须有熟练的操作技术，懂得机器的结构原理及正确的操纵方法，以免操作不当造成设备及人身事故。为了安全生产，装载机在安全运行中应注意以下事项：

1. 操作前，必须检查机器各部件的连接情况和电气设备是否良好。观察巷道爆破情况，处理松动岩石，检查轨道铺设和轨道的长度是否合乎规格，确认无问题后方可操作。

2. 装载时，司机操纵的一侧，装载机与巷道壁的距离不小于 300 m。司机必须站在机器任意一侧的脚踏板上，操作操纵箱上的按钮并注意前后人员的安全，以免挤伤人员。

3. 卸载时禁止人员靠近挂在装载机后的矿车。

4. 注油、检查、修理时，装载机必须切断电源。严禁在作业时进行注油、清扫和检修。

5. 拆除或修理电气设备时，应由电工操作，严格遵守停送电制度。操纵箱应符合隔爆箱接线要求。

6. 严禁 2 个人同时操作一台机器。操纵装载机前进或后退时，应注意防止电缆被冲击、碾轧和工具损伤。电缆应随时吊挂好和妥善保护。

7. 放炮前，装载机应撤离迎头直线段 20~30 缸以上，以免放炮崩坏机器。

（十一）液压支架使用中的事故处理

1. 倒架

（1）掌握好采高，防止顶空。若伪顶容易官落，则应考虑支架仍能支撑住顶板。

（2）采煤机割煤时要切割平整，防止切成凹岛不平或人为的坡度。

（3）降架不能太多，降架时严密观察，防止钻火邻架。

（4）用活动侧护板千斤顶扶正支架。

（5）用顶梁与顶梁之间的平拉式或顶梁与隔槊底座之间饷斜柱式等防倒千斤顶来扶正支架。

（6）可以增设临时调架千斤顶或单体液压支柱，将歪倒支架向上拉或推顶。调架时应将歪倒支架卸载。

（7）若歪倒架数多、歪倒严重，则可以分几次扶正。先从顶梁间隙较大的地方开始，使支架撑紧顶板，然后再扶下一架。

（8）必要时，可将钢丝绳一端固定在采煤机上，另一端拴在倾倒的支架上，采煤机行走将支架扶正。也可用绞车调整。

2. 下滑

（1）将工作面调成伪斜。即使工作面下部超前，上部落后。当煤层倾角小于 15° 时，工作面的伪斜角大体为煤层倾角的一半。这是预防下滑事故的简便有效的措施。

（2）工作面倾角较大时，可采用上行推移法. 即从下至上推移输送机和液压支架。

（3）当工作面倾角大于 15° 时，除了使工作面均斜推进外，液压支架和输送机之间还应增加防滑千斤顶，其间可用锚链相连接。在推溜过程中，防滑千斤顶应始终起有效作用，保持拉紧力。防滑千斤顶的拉力和数量则由工作面倾角、输送机和采煤机的总质量等来确定。

（4）液压支架的推移机构要有导向装置，防止歪斜太大，加快下滑。

（5）液压支架底座之间可设置调架千斤顶，防止支架下滑或支架与输送机的歪斜。

（6）必要时，更换或拆除输送机的调节槽，以保证输送机与转载机的正常配套关系。

3. 压架

（1）用一根或几根备用立柱支在被压死支架的顶梁下。同时向备用立柱和压死的立柱供液，反复升柱，使顶板逐渐松动，以便降柱前移。用备用立柱时，要在立柱与顶梁间垫木板，保证安全。

（2）用辅助立柱或千斤顶与压死支架的立柱液压系统构成增压回路，反复升柱，使顶板松动，以便移架。增压大小应考虑系统的承压能力。

（3）顶扳条件许可时，可用放小炮挑顶的办法处理。放炮要分次进行，每次装药量不宜过大，只要能使顶板松动，可以移架就行。严禁在支架与领板空隙中放炮崩顶。

（4）若顶板条件不好，可采用卧底法。向底座下的底板打浅炮眼装小药量，放炮后掏出崩碎的岩块，使底座下降，就可以移架。

4. 片帮

（1）提高液压支架的初撑力和支护强度。

（2）支架设护帮装置，防止片帮事故。还可以设置伸缩梁、翻梁等装置，防止因片帮造成冒顶事故。

（3）加快工作面推进度，减少顶板压力对煤壁的过大影响。

（4）加固煤壁，如采用木锚杆、各种化学加匿等措施。

（5）及时移架，伸出伸缩梁、护帮装置或超前支护以便支护新裸露的顶板，防止冒顶。

5. 冒顶

（1）及时移架，减少支护滞后时间，缩小梁端距。

（2）保证支架接顶良好，可采用擦顶或带压移架法。

（3）倒架后要及时调整，避免架间空隙过失。

（4）控制合理的采高。对容易冒落的伪顶，立柱要留有伸缩余量。

（5）架设临时棚梁和辅助支柱，使相邻支架或前方煤壁能支托住棚梁，以便通过冒落区。

（6）顶板出现冒落空洞后，应及时用坑术或板皮填塞，使支架顶梁能支撑住顶板。

（7）除在局部冒顶区采取安全措施外，要加快工作面的推进度。

（8）不得已时，可用充填或化学加固的方法来充填空洞加固顶板。

（十二）单体液压支柱使用的注意事项

1. 应根据工作面采高，选择合适的支柱规格 ' 根据王作面顶板压力大小，确定合理的支护密度。

2. 支柱必须达到出厂试验要求或维修质量标准才可下井使用。到矿的新支柱，也必须经过检查复试合格，才能下井使用。

3. 检查乳化液泵机械、电气部分是否正常，邮箱乳化液是否足够，浓度是否合适。启动乳化液泵，待泵各部运转正常，供液压力达到泵站额定工作压力时方可向工作面供液。

4. 将支柱移至预定支设地点后，先用注液枪冲洗三用阀体，然后将注液枪插入三用阀中并用锁紧套连接好。

5. 支柱第一次使用前，应先升、降柱一次（最低行程），以排净缸体内空气，之后才能正常使用。

6. 支设支柱时，应注意下列几点：

（1）支柱应垂直于顶、底板，支设在金属铰接顶梁下面，并有一定的迎山角，使支柱处于垂直受力状态且不易推倒。

（2）三用阀的单向阀应朝采空区方向或下顺槽，以利安全回柱。

（3）支柱与工作面运输机械应有适当的距离，避免采煤机撞倒支柱或撞坏油缸、手把体和三用阀。

（4）支柱顶盖的四爪应卡在顶梁花边槽上，不允许将四爪顶在顶梁上或顶梁接头处。支柱配合木顶梁使用或作用点柱用时，应更换顶盖（换成不带爪子的柱帽）。

7. 操纵注液枪向支柱内腔供液，并使支柱顶盖与金属顶梁接触，待支柱达到初撑力后，松开注液枪手把。注液枪卸载。摘下锁紧套后，轻轻敲打注液枪手把，在高压液体的作用下，注液枪便会自动退出。

8. 使用中支柱，活柱升高量已接近最小安全回柱高度时，应及时回撤，以免压死。

9. 绝对禁止用锤、镐等金属物体猛力敲砸支柱任何部位，以免损坏支柱。若支柱被压成“死柱”，只能采取挑顶或卧底的方法取出，不允许爆破、锤砸或绞车拉拽。

10. 支护过程中，不准以支柱手把体作为推移装置的支点，以免损坏支柱。

11. 回柱时应严格遵守有关回柱安全操作规程，确保安全生产。将卸载手把插入三用阀卸载孔中。顶板状况较好时采取近距离卸载，工作人员转动卸载手把使卸载手把呈水平位置。此时卸载阀打开，支柱内腔乳化液外溢，活柱下缩；顶板条件较差时应采用远距离卸载，即工作人员离开支柱至安全位置，拉动卸载手把上引绳使卸载手把呈水平位置，卸载阀打开，活柱下缩到可以撤出为止。

12. 回撤下来的支柱，应顶盖朝上竖直靠放，不准随意横放，以免水和煤粉进入支柱内腔和锈蚀表面。井下不允许存在无三用阀的支柱。若三用阀损坏，应及时更换三用阀。

13. 因工作面粉尘大，故除了替换顶盖、三用阀外，其他零部件不允许在工作面拆装。

14. 支柱在运输过程中应轻装轻卸，不准随意摔砸。需要使用工作面运输机运输时，应先在运输机上装满煤，然后将支柱放在煤层上。机头机尾应有专人护送，以免损坏支柱。

15. 注液枪使用后，应挂在支柱上，不允许随意乱扔，更不允许用注液枪敲打硬物。

16. 高压胶管应避免被采煤机压坏和损坏。

17. 短期不用的支柱，应将柱内液体放尽，封堵三用阀进液孔，以防脏物进入。

第二节　煤矿电气设备的安全运行管理

电气设备安全管理是指对事关电气设备安全的诸项工作进行组织、计划、指挥、协调和控制，实现从技术上、组织上和管理上采取有效措施，解决和消除不安全因素，防止事故的发生；组织制订和实施电气事故应急处理预案，一旦事故发生，立即启动救援工作；对发生的事故及时报告，采取预防措施。

电气设备安全管理是煤矿安全管理的重要组成部分，应采用系统工程的原理、方法进行研究和管理，达到识别、分析、归纳、评价、预测电气系统中存在的发生事故危险因素的目的，并据此采取综合治理措施，使发生事故的危险因素得以消除和控制，降低发生事故的可能性，达到安全运行状态。为此，应研究电气系统中事故的类型、性质、危害程度和成因，分析成因模型、相关条件和发生规律，得出预防的原则和措施；澶对电气系统进行安全分析，预测发生事故的可能性，以及所产生的伤害或损失的程度；应对电气系统实行安全控制，做出安全评价，预测安全状况；应制定安全目标，提出安全管理举措，设法消除人的不安全因素，防止和控制事故的发生。

一、防爆电气设备的安全管理

井下防爆电气设备管理是煤矿设备安全运行管理中的重中之重。井下电气设备出现失爆，是造成瓦斯煤尘爆炸的重要原因。因此，必须严格执行防爆电气设备管理的有关规定，原则上不允许防爆电气设备出现失爆。《煤矿安全规程》第四百五十二条规定：防爆电气设备人井前，应检查其“产品合格证”“防爆合格证”“煤矿矿用产品安全标志”及安全性能；经专职防爆检查员检查合格并签发合格证后，方准入井。第四百八十九条规定：井下防爆电气设备的运行、维护和修理，必须符合防爆性能的各项技术要求毒防爆性能遭受破坏的电气设备，必须立即处理或更换，严禁继续使用。

井下防爆电气设备变更额定值使用和进行技术改造时，必须经国家授权的矿用产品质量监督检验部门检验合格后，方可投入运行。未经批准，任何人不得改变防爆电气设备内部结构。

二、供电保护系统的安全管理

供电保护是保证供电系统安全、可靠运行，保护设备和人身安全的重要措施。电气保护中的过流、漏电、接地、缺相、欠压、过压、过负荷等保护均属于供电保护系统的范畴，前三者通常称为煤矿供电系统的“三大保护”。

（一）过流保护的相关规定

过流是指实际通过电气设备或电缆的工作电流超过了额定电流值。常见的过流故障有短路、过负载和断相。因此，过流保护包括短路保护、过负载保护和断相保护。《煤矿安全规程》第四百五十五条规定：井下高压电动机、动力变压器的。高压控制设备，应具有短路、过负荷、接地和欠压释放保护。井下由采区变电所、移动变电站或配电点引出的馈电线上，应装设短路、过负荷和漏电保护装置。低压电动机的控制设备，应具备短路、过负荷、单相断线、漏电闭锁保护装置及远程控制装置。第四百五十六条规定：井下配电网路（变压器馈出线路、电动机等）均应装设过流、短路保护装置；必须用该配电网路的最大兰相短路电流校验开关设备的分断能力和动、热稳定性以及电缆的热稳定性，必须正确选择熔断器的熔体。

（二）漏电保护的相关规定

井下低压馈电线上，必须装设检漏保护装置或有选择性的漏电保护装置，保证自动切断漏电的馈电线路。

井下由采区变电所、移动变电站或配电点引出的馈电线上，应装设短路、过负荷和漏电保护装置。每天必须对低压检漏装置的运行情况进行，1 次跳闸试验。

井下照明和信号装置，应采用具有短路、过载和漏电保护的照明信号综合保护装置配电。

有人值班的变电所（站），每天必须检查漏；电保护装置的完好性，并做好记录。

定期检查输配电线路的漏电保护装置魄宠好性，每隔 6 个月或在设备移动时必须检查 1 次漏电保护装置和自动开关，每年至少检验、整定 1 次漏电保护装置。

煤电钻使用必须设有检漏、漏电闭锁、短路、过负荷、断相、远距离启动和停止煤电钻功能的综合保护装置。每班使用前，必须对煤电钻综合保护装置进行 1 次跳闸试验。

瓦斯喷出区域、高瓦斯矿井、煤（岩）与瓦斯（二氧化碳）突出矿井中，掘进工作面的局部通风机应采用三专（专用变压器、专用开关、专用线路）供电；也可采用装有选择性漏电保护装置的供电线路供电，但每天应有专人检查 1 次，保证局部通风机可靠运转。

低瓦斯矿井掘进工作面的局部通风机，可采用装有选择性漏电保护装置的供电线路供电，或与采煤工作面分开供电。

（三）接地保护的相关规定

变电所（站）的输配电线及电气设备上的接地保护装置的设计、安装应符合国家标准的有关规定。

严禁井下配电变压器中性点直接接地，严禁由地面中性点直接接地的变压器或发电机直接向井下供电，高压、低压电气设备必须设保护接地。

地面变电所和井下中央变电所的高压馈电线土，必须装设有选择性的单相接地保护装置；供移动变电站的高压馈电线上，必须装设有逸择性的动作于跳闸的单相接地保护装置。

井下不同水平应分别设置主接地极，主接地极应在主、副水仓中各埋设 1 块。主接地极应用耐腐蚀的钢板制成，其面积不得小于 0.75 mm^2，厚度不得小于 5 mm。

连接主接地极的接地母线，应采用截面不小于 50 mm^2 的铜线，或截面不小于 100 mm^2 的镀锌铁线，或厚度不小于 4 mm，截面不小于 100 mm^2 的扁钢。

除主接地极外，还应设置局部接地极。下列地点应装设局部接地极：采区变电所（包括移动变电站和移动变压器）；装有电气设备的硐室和单独装设的高压电气设备；低压配电点或装有 3 台以上电气设备的地点；无低压配电点的采煤机工作面的运输巷、回风巷、集中运输巷（胶带运输巷）以及由变电所单独供电的掘进工作面，至少应分别设 1 个局部接地极；连接高压动力电缆的金属连接装置。

所有电气设备的保护接地装置（包播毫缆舶铠装、铅皮、接地芯线）和局部接地装置，应与主接地极连接成 1 个总接地网。接地网上任一保护接地点的接地电阻值不得超过 2 Ω。

每一移动式和手持式电气设备至局部接地极之间韵保护接地用的电缆芯线和接地连接导线的电阻值，不得超过 1 Ω。

电气设备的接地部分必须用单独的接地线与接地装置相连接，不得将多台电气设备的接地线串联接地。

由地面直接人井的轨道及露天架空引入（出）的管路，必须在井口附近将金属体进行不少于 2 处的良好的集中接地。

电压在36 V以上和由于绝缘损坏可能带有危险电压的电气设备的金属外壳、构架，铠装电缆的钢带（或钢丝）、铅皮或屏蔽护套等必须霄保护接地。

电气设备的外壳与接地母线或局部接始橇的连接，电缆连接装置两头的铠装、铅皮的连接，应采用截面不小于 25 mm^2 的铜线、或截面 50 mm^2 的镀锌铁线、或厚度不小于 4 mm，截面不小于 50 mm^2 的扁钢。

橡套电缆的接地芯线，除用作监测接地回路外，不得兼作他用。

三、井下低压电缆的安全管理

（一）井下电缆的选用应遵守的规定

1. 电缆敷设地点的水平差应与规定的电缆允许敷设水平差相适应。

2. 电缆应带有供保护接地用的足够截面的导体。

3. 严禁采用铝包电缆。

4. 必须选用经检验合格的并取得煤矿矿用产品安全标志的阻燃电缆。

5. 电缆主线芯的截面应满足供电线路负荷的要求。

6. 对固定敷设的高压电缆：在立井井筒或倾角为45° 及其以上的井巷内，应采用聚氯乙烯绝缘粗钢丝铠装聚氯乙烯护套电力电缆、交联聚乙烯绝缘粗钢丝铠装聚氯乙烯护套电力电缆；在水平巷道或倾角在45° 以下的井巷内，应采用聚氯乙烯绝缘钢带或细钢丝铠装聚氯乙烯护套电力电缆、交联聚乙烯钢带或细钢丝铠装聚氯乙烯护套电力电缆；在进风斜井、井底车场及其附近、中央变电所童采区变电所之间，可以采用铝芯电缆；其他地点必须采用铜芯电缆。

7. 固定敷设的低压电缆，应采用 MW 铠装或非铠装电缆或非铠装电缆或对应电压等级的移动橡套软电缆。

8. 非固定敷设的高低压电缆，必须采用符合 MT818 标准的橡套软电缆。移动式和手持式电气设备应使用专用橡套电缆。

9. 照明、通信、信号和控制用的电缆，应采用铠装或非铠装通信电缆、橡套电缆或 MVV 型塑料电缆。

10. 低压电缆不应采用铝芯，采区低压电缆严禁采用铝芯。

（二）敷设电缆应遵守的规定

1. 电缆必须悬挂：

（1）在水平巷道或倾角在 30° 以下的井巷中：电缆应用吊钩悬挂。

（2）在立井井筒或倾角在 30° 及其以上的井巷争，电缆应用夹子、卡箍或其他夹持装置进行敷设。夹持装置应能承受电缆重量，并不得损伤电缆。

2. 水平巷道或倾斜井巷中悬挂的电缆应有适当的弛度，并能在意外受力时自由坠落。其悬挂高度应保证电缆在矿车掉道时不受撞击，在电缆坠落时不落在轨道或输送机上。

3. 电缆悬挂点间距，在水平巷道或倾斜井巷内不得超过 3 m，在立井井筒内不得超过 6 m。

4. 沿钻孔敷设的电缆必须绑紧在钢丝绳上，钻孔必须加装套管。

5. 电缆不应悬挂在风管或水管上，不得遭受淋水。电缆上严禁悬挂任何物件。电缆与压风管、供水管在巷道同一侧敷设时，必须敷设在管子上方，并保持

0.3 m 以上的距离。在有瓦斯抽放管路的巷道内，电缆（包括通信、信号电缆）泌须与瓦斯抽放管路分挂在巷道两侧。盘圈或盘“8”字形的电缆不得带电，但给采、掘机组供电的电缆不受此限。

6. 井筒和巷道内的通信和信号电缆应与电力鬼缆分挂在井巷的两侧，如果受条件所限：在井筒内，应敷设在距电力电缆 0.3 m 以外的地方；在巷遭内，应敷设在电力电缆上方 0.1 m 以上的地方。

7. 高、低压电力电缆敷设在巷道同一侧时，高、低压电缆之间的距离应大于 0.1 m。高压电缆之间、低压电缆之间的距离不得小于 50 mm。

8. 井下巷道内的电缆，沿线每隔一定距离、拐弯或分支点以及连接不同直径电缆的接线盒两端、穿墙电缆的墙的两边都应设置注有编号、用途、电压和截面的标志牌。

9. 立井井筒中所用的电缆中间不得有接头；因井筒太深需设接头时，应将接头设在中间水平巷道内。

10. 运行中因故需要增设接头而又无中间水平巷道可利用时，可在井筒中设置接线盒，接线盒应放置在托架上，不应使接头承力。

11. 电缆穿过墙壁部分应用套管保护，并严密封堵管口。

（三）电缆的连接应符合的要求

1. 低压橡套电缆与电气设备连接

（1）密封圈材质用邵氏硬度为 45~55 度的橡胶制造，并规定进行老化处理。

（2）密封圈内径与电缆外差应小于 1 mm；密封圈外径 D 与装密封圈的孔径 D_O 配合的直径差（$Do - D$）应符合下述规定：

当 $D \leqslant 20$ mm 时，($Do - D$) 值应不大于 1 mm;

当 20 mm<$D \leqslant 60$ mm 时，（$Do - D$）值应不大于 2 mm;

当 D>60 mm 时，($Do - D$) 值应不大于 2 mm。

密封圈的宽度应不大于或等于电缆外径的 0.7 倍，但必须大于 10 mm。密封圈无破损、不割开使用。电缆与密封圈之间不得包扎其他物体，保证密封良好。

（3）进线嘴连接紧固。接线后紧固件的紧固程度，犬嘴以抽拉电缆不串动为合格，小嘴以 1 只手的五指使压紧螺母旋进不超过半圈为合格。孱盘式线嘴压紧电缆后的压扁量不超过电缆直径的 10%。

（4）电缆护套穿入进线嘴长度一般为 5~15 mm。如屯缆粗，穿不进时，可将穿入部分锉细，但护套与密封圈结合部位不得锉细。

（5）电缆护套按要求剥除后，做好线头以后才能连接到接线柱上。接线应整齐、无毛刺，卡爪不压绝缘胶皮或其他绝缘物 I 也不得压住或接触屏蔽层。地线长度适宜，松开接线嘴拉动电缆时，三相火线拉紧或松脱，地线应不掉。

（6）当橡套电缆与各种插销连接时，必须使插座连接在靠电源的一边。

（7）屏蔽电缆与电气设备连接时，必须剥除主线芯的屏蔽层，其剥除长度应大于国家标准规定耐泄漏性的 D 级绝缘材料的最小爬电距离的 1.5~2 倍。

2. 高压铠装电缆与电气设备连接

高压铠装电缆与电气设备连接时，设备引入（出）线的终端线头应用线鼻子或过渡接头接线，连接紧固可靠，必须按规定制作电缆头。高压隔爆开关接线盒引入铠装电缆后，应用绝缘胶灌至电缆三叉以上。

3. 电缆与电缆之间连接

（1）不同型号电缆之间不得直接连接（如纸绝缘电缆同橡套电缆或塑料电缆之间）。必须经过符合要求的接线盒、连接器或母线盒进行连接。

（2）相同型号电缆之间，除按不同型号电缆之间的连接方法进行连接外，还可直接连接，但必须遵守下列规定：纸绝缘电缆必须使用符合要求的电缆接线盒连接，高压纸绝缘电缆接线盒必须灌绝缘充填物；橡套电缆的连接（包括绝缘、护套已损坏钧橡套电缆的修补），必须用硫化热补或同热补有同等效能的冷补或应急冷包；塑料电缆连接，其连接处的机械强度以及电气、防潮密封、老化等性能，应符合该型矿用电缆的技术标准的要求；电缆芯线的连接应采用压接或银铜焊接，严禁绑扎。连接后的接头电阻不应大于长度线线芯电阻的 1.1 倍，其抗拉强度不应小于原线芯的 80%；2 根电缆的铠装、铅包、屏蔽层和接地芯线都应有良好的电连接；不同截面的橡套电缆不准直接连接（照明线上的分支接头除外）。

（3）屏蔽电缆之间连接时，必须剥除主线芯的屏蔽层，其剥除长度为 D 级绝缘材料的最小爬电距离的 1.5~2 倍。

（四）其他规定

1. 照明线必须使用阻燃电缆，电压不得超过 127 V。

2. 井下不得带电检修、搬迁电气设备、电缆和电线。

3. 在总回风巷和专用回风巷中不应敷设电缆。在机械提升的进风的倾斜井巷（不包括输送机上、下山）和使用木支架的立井井筒中敷设电缆时，必须有可靠的安全措施。

4. 溜放煤、矸、材料的溜道中严禁敷设电缆。

四、严禁违章作业和违章指挥

“违章指挥”“违章操作”“违反劳动纪律”简称为“三违”，“三违”是煤矿生产中，人的不安全行为所导致的各类事故的主要原因。违章指挥主要是由于指挥者不熟悉自己管辖内的各种作业规程，思想上不重视安全，没有严格按规程办事，布置工作时无视法规和制度，强令下属冒险作业。《煤矿安全规程》规定：职工有权制止违章作业，拒绝违章指挥；当工作地点出现险情时，有权立即停止作业，撤到安全地点；当险情没有得到处理不能保证人身安全时，有权拒绝作业。违章作业一般由以下几种思想行为引起：思想麻痹，存在侥幸心理；图省时、省力，怕麻烦；任务紧急忽视了安全；过于自信、骄傲自满；缺乏知识，未掌握正确的操作方法。

要杜绝违章操作，操作者就要在思想上重视安全，熟悉本人所操作的机器设备的操作规程，严格按规程操作。

五、过电流产生的原因及预防措施

（一）产生过电流故障的原因

1. 电气设备额定电压与电网额定电压不符，造成设备过电流。如额定电压为 380 V 的电机或变压器，误接在 660 V 电网上使用，造成过电流。

2. 所选设备的额定电流应大于或等于它的长时最大实际电流，否则设备会出现过电流。

3. 电缆截面的选择应满足设备容量的要求，不然电缆会过电流。

4. 高低压开关设备的额定断流容量应大予或等于线路可能产生的最大三相短路电流，否则会导致断路器损坏。

5. 电气设备安装前要测量绝缘电阻，不合格不能投入运行。电气设备使用中要定期测量绝缘电阻，绝缘电阻太低会导致击穿事故。

6. 安装电气设备的地点应无淋水、碰、撞、砸等伤害。因为淋水可能造成电网漏电或接地。

7. 按《煤矿安全规程》要求敷设电缆。电缆要防止砸、碰、压等伤害，按要求悬挂电缆，决不允许将电缆泡在水中，发现问题要及时处理。

（二）预防过流的措施

短路、过负荷和断相是常见的过流故障，对此类故障的预防办法主要应抓好设备的维护保养，让以上故障少发生或不发生。另外还要采取切实有效的保护措施，当过流发生时，靠保护装置切断过电流线路，或将过流的危害限制在最低程度。为此，应采取下列措施：

1. 正确选择和校验电气设备，其短路分断能力要大于所保护供电系统可能产生的最大短路电流。

2. 正确整定过电流、短路电流保护装置，使之在短路故障发生时，保证过流装置能准确、可靠、迅速地切断故障。

3. 井下高压电动机和动力变压器的保护。采用 PB 系列隔爆配电箱中的过流继电器和无压释放器，可以实现电动机和变压器的短路保护和欠电压释放保护。

4. 采区变电所动力变压器和移动式变电站及配电点馈出线上装设过流保护。这 3 种馈出线上可以装设短路保护装置，只要短路点选择合适，计算短路电流值准确，整定值合理，即可实现短路保护。

（1）由于 3 种馈出线都是干线，每条干线负责给多台设备供电，因设备功率不相同，当大电机启动时，其启动电流会超过采区变电所动力变压器二次侧额定电流。作为变压器二次侧总开关的 DW 系列馈电开关，只有电磁式速断过流继电器，因此无法实现变压器的过负荷保护。同样也可以加装一套电子式过负荷保护装置，配合 DW 系列馈电开关实现过负荷保护。配电点开关的负荷侧干线只控制一台电机时，馈电开关如果有过负荷保护功能，可以实现过负荷保护。如果负荷侧干线给多台电机供电，则过负荷保护无法实现。

（2）低压电动机可以采用新式的具有综合保护功能的起动器，它可以对电动机实现短路、过负荷和断相保护。

（3）除了使用过流继电器或过热继电器完成过流保护外，还可利用熔断器进行保护。熔断器和熔体要经过计算选择。

六、漏电产生的原因及预防措施

（一）对漏电保护的要求

目前，已投入使用的漏电保护装置和系统很多。对于一个漏电保护装置或系统而言，应满足以下几个方面的具体要求。

1. 安全性。漏电保护的首要任务是保证安全供电。安全问题包括人身安全、矿井安全、设备安全三方面的内容。从保护触电人员的角度出发，要满足流过人身的电流小于 30 $mA \cdot s^{-1}$ 的要求，只有这样，才能保证人身的安全。对设备而言，漏电电流会导致绝缘恶化，甚至导致绝缘损坏。但所需的漏电电流和漏电时间都要超过人身触电的安全要求。因此，漏电保护只要满足人身触电的安全条件，就可满足电气设备的安全要求。对矿井而言，漏电电流有可能引起火灾甚至瓦斯、煤尘爆炸。通过漏电保护的作用，可以有效地减小漏电电流和缩短漏电时间，降低出现严重事故的可能性，保证矿井的安全。

目前，用以提高漏电保护电气安全程度的方法，主要有电容电流补偿技术，旁路接地分流技术，自动复电技术，快速断电技术。其中，快速断电技术的电气安全程度最高，当电网发生漏电时，它能在 5 ms 的时间内切除供电电源，即通过缩短漏电时间来提高电气安全程度。

2. 可靠性。漏电保护的可靠性是指一不拒动，二不误动。漏电保护的可靠性依赖于装置或系统自身设计、制造质量以及它们的运行维护水平。

3. 选择性。漏电保护的选择性是指它要求在供电单元内只切除故障部分的电源，目的是为减小出现故障时的停电范围。选择性分为横向选择性和纵向选择性。横向选择性是指漏电保护系统只切断漏电故障所在支路。漏电故障不在本保护系统保护的支路上，而是在电网的其他支路上时，保护系统不应动作。纵向选择性是指保护系统只切断漏电故障所在段的电源，并保护其他正常段的供电。如果故障点在下级磁力启动器的保护范围内，同时磁力启动器已切除了故障支路，那么本级保护就不应再动作，否则是越级动作，失去纵向选择性。

4. 灵敏性。漏电保护的灵敏性是指保护装置针对不同程度漏电故障的反应能力，要求对于最小的漏电故障，保护装置也能可靠动作，即对临界漏电故障具有较强的反应能力。

5. 全面性。煤矿井下的低压电网，多是1台动力变压器为一单独的供电单元。全面性是指保护范围应覆盖整个供电单元，没有动作死区，该供电单元的何处发生什么类型的漏电故障（对称或不对称的）。漏电保护都能起到保护作用。

（二）井下产生漏电的原因

1. 使用了绝缘不良的陈旧电缆或设备。

2. 电工接线工艺粗糙低劣，造成芯线毛刺触及设备外壳。

3. 电气设备和电缆淋水或严重受潮。

4. 受井下气候影响，防爆电气设备内部结露。

（三）预防漏电的措施

1. 更换绝缘电阻太低的电缆或设备。

2. 对电工加强技术培训，提高接线工艺水平。

3. 解决设备淋水问题，电缆严重受潮应升井干燥。

4. 设备内部结露导致对外壳漏电，可在设备内部放置高质量的干燥剂。

5. 必须按《煤矿安全规程》要求，安装使用检漏继电器。检漏继电器是井下漏电故障的“保护神”，必须严格执行有关检漏继电器运行的各项规定和要求。

七、保护接地的检查及测试

（一）保护接地的检查

1. 采区移动设备保护接地的检查

（1）工作面移动设备的金属外壳，要用橡套电缆中的接地芯线和自身的起动器外壳及配电点开关外壳可靠的连接，并最后与采区的总接地网连接在一起。

（2）由采掘设备的配电点通过满足规定要求截面的导体，与局部接地极相连，保证其可靠的电气连接，并不受其他因素干扰。

2. 有专职司机的电气设备保护接地的检查

有值班人员的机电硐室和有专职司机的电气设备的保护接地，每班必须进行一次表面检查（交接班时），其他电气设备的保护接地，由维修人员进行每周不少于一次表面检查。发现问题，及时记入记录表。

3. 每年至少要对主接地极和局部接地极详细检查一次。其中主接地极和浸在水沟中的局部接地极应提出水面检查，如发现接触不良或产生重锈蚀等缺陷，应立即处理或更换。但主、副水仓中的主接地极不得同时提出检查，必须保证两项工作分别进行。矿井水酸性较大时，应适当增加检查的次数。

（二）接地电阻的测定

井下总接地网的接地电阻的测定，要有专人负责，每季至少测定一次；新安装的接地装置，在投入运行前，应测其接地电阻值，并必须将测定数据记人记录在表中。

在有瓦斯及煤尘爆炸危险的矿井内进行接地电阻测定时，应采用本质安全型接地摇表；如采用普通型仪器时，只准在瓦斯浓度 1% 以下的地点使用，并采取一定的安全措施，报有关部门审批。

八、隔爆型电气设备失爆的原因及预防措施

（一）隔爆型电气设备常见的失爆现象

电气设备的隔爆外壳失去了耐爆性或隔爆性（即不传爆性）就是失爆。井下隔爆型电气设备常见的失爆现象如下：

1. 隔爆外壳严重变形或出现裂纹，焊缝开焊以及连接螺丝不齐全，螺扣损坏或拧入深度少于规定值，致使其机械强度达不到耐爆性的要求而失爆。

2. 隔爆接合面严重锈蚀，由于机械损伤、间隙超过规定值，有凹坑、连接螺丝没有压紧等，达不到不传爆的要求而失爆。

3. 电缆进、出线口没有使用合格的密封淞涸或粮本没有密封胶圈；不用的电缆接线孔没有使用合格的密封挡板或根本没有密封挡板而造成失爆。

4. 在设备外壳内随意增加电气元、部件，使某些电气距离小于规定值或绝缘损坏，灭弧装置失效，造成相间经外壳弧光接地短路、使外壳被短路电弧烧穿而失爆。

5. 外壳内两个隔爆腔由于接线柱、接线套管烧毁而连通，内部爆炸时形成压力叠加、导致外壳失爆。

（二）隔爆型电气设备失爆的原因及预防措施

1. 电气设备维护和检修不当防护层脱落，使得防爆面落上矿尘等杂物，紧固对口接合面时会出现凹坑，有可能使隔爆接合面间隙增大。因此，维修人员在检修电气设备时，一定要注意防爆接合面，防止有煤尘、杂物沾在上面。

2. 井下发生局部冒顶砸伤隔爆型电气设备的外壳，移动和搬迁不当造成外壳变形及机械损伤都能使隔爆型电气设备失爆。为此电气设备应安装在支护良好的地点，移动和搬迁设备时要小心轻放。

3. 由于不熟悉设备的性能，在装卸过程中没有采用专用工具或发生误操作。如拆卸防爆电动机端盖时，为了省事而用器械敲打，可能将端盖打坏或产生不明显的裂纹，可能发生传爆的现象。拆卸时零部件没有打钢印标记，待装配时没有对号而误认为是可互换的，造成间隙过小，间隙过小对活动接合面可能造成摩擦现象，破坏隔爆面，所以每个零部件一定要打钢印标记，装配时对号选配。

4. 螺钉紧固的隔爆面，由于螺孔深度过浅或螺钉太长，而不能很好地紧固零件。为此应检查螺孔是否有杂质，螺扣是否完好，装配前应进行检查和处理。

5. 由于工作人员对防爆理论知识掌握不够一；对各种规程不能正确贯彻执行，以及对设备的隔爆要求马虎大意，均可能造成失爆。为此应加强理论知识和规程的学习，克服麻痹大意的思想。

九、煤矿电气设备的安全检查

（一）电气系统的安全检查

为防止电气事故发生，煤矿电气安全检查十分重要，检查的主要内容和要求应参照《煤矿安全规程》及相关行业的规程和规范。

1. 煤矿地面供电系统的安全检查

（1）供电系统设计、电气设备选型应符合《煤矿安全规程》和有关行业规程、规范的规定，必须有符合规定的井上、井下配电系统图。例如，应有分别来自区域变电所或发电厂的两回路电源线路，任一回路均能担负矿井全部负荷；矿井两回路电源线路均不得分接任何负荷，严禁装设负荷定量器；矿井 10 kV 及以下架空电源线路不得共杆架设，架空线应有防断线、防倒杆事故检查巡视记录。

（2）井下中央变电所、主要通风机、提升设备等≤级负荷应有两回路来自各自母线段的电源线路。

（3）矿井高压电网必须采取措施限制单相接地电容电流不超过 20 A。

（4）继电保护装置完善，整定合理，动作可靠。

（5）电气系统操作的安全防护设施必须符合要求 i 羿有明确的使用说明。

（6）维护运行、检查、检修制度必须完善，严格执行，有岗位责任制。

2. 煤矿井下电气系统的安全检查

（1）井下电气系统设计、电气设备选型应符合《煤矿安全规程》和相关专业规程、规范的规定。例如，对井下各水平中央变（配）电所、主排水泵房和下山开采的采区排水泵房不得少于两回路供电线路，任一回路停止供电时，其余回路应能承担全部负荷；严禁井下配电变压器中性点直接接地；井下各级配电电压应符合要求；井下电气设备选型必须符合规定，应具有“产品合格证”“防爆合格证”“煤矿矿用产品安全标志”。

（2）必须具有井下配电系统图、电气设备布置示意图，电力、电话、信号、电机车等线路平面辐射示意图。井下实际布置必须与设计图相符。

（3）井下配电线路均应按规定装设过电流、短路、漏电保护装置，动作值整定正确，动作可靠；煤电钻必须使用综合保护装置，每班使用前必须进行一次跳闸试验。

（4）井下电缆选用、架设、连接必须符合《煤矿安全规程》的规定。

（5）井下防爆电气设备必须符合防爆性能的磬项搜米要求，防爆性能遭受破坏的严禁继续使用。

（6）井下电气设备必须有保护接地，接地连连接线、局部接地极与主接地极装设必须符合规定；任一保护接地点的接地电阻值不得超过 2 Ω，每一移动式和手持式电气设备至局部接地极之间接地连接导线的电阻值不得超过 1 Ω。

（7）煤矿井下必须按规定要求安装照明和信号装置；井下机电设备硐室及采掘工作面配电点的位置和空间必须符合规定要求。

（8）井下电气设备与电缆必须按规定进行检查、维护调整和试验，并应有相关记录；操作井下电气设备必须遵守有关规定，采取安全措施。

（9）具有防止电气火灾及相关事故的安全措施，灭火设施齐全。

（10）煤矿井下按规定要求装设风电闭锁装置、瓦斯电闭锁装置，其性能必须符合要求，动作必须可靠。

3. 电气安全管理与作业安全检查

（1）应具有电气安全保障系统，如完善的电气安全信息系统，完整的安全责任制、岗位责任制和各种规章制度等。

（2）应建立本质安全型的人、机、环境关系，使兰者在安全上达到最佳匹配。

（3）应具有电气技术培训、安全培训制度，以及安全自检、自查制度和上岗资格认证制度。

（4）应具有完善的电气操作作业制度与安全措施。

（二）防爆电气设备的安全检查

防爆电气设备入井前，应由指定的经培训考试合格的；电气设备防爆检查工，检查其“产品合格证”“防爆合格证”“MA 准用证”及安全性能检查合格后方准入井。

1. 隔爆型电气设备的检查

（1）隔爆型电气设备必须经过考试合格的防爆龟气设备检查员检查其安全性能，并取得合格证。

（2）外壳完好无损伤、无裂痕及变形。

（3）外壳的紧固件、密封件、接地元件齐全完好。

（4）隔爆接合面的间隙、有效宽度和表面粗糙度符合有关规定，螺纹隔爆结构的拧入深度和螺纹扣数符合规定。

（5）电缆接线盒及电缆引入装置完好，零部件齐全，无缺损，电缆连接牢固、可靠。一个电缆引入装置只连接一条电缆。

（6）接线盒内裸露导电芯线之间的电气间隙和爬电距离应符合规定；导电芯线无毛刺，接线方式正确，上紧接线螺母时不能压住绝缘材料；壳内部不得增加元部件。

（7）联锁装置功能完整，保证电源接通打不开盖，开盖送不上电；内部电气元件、保护装置完好无损，动作可靠。

（8）在设备输出端断电后，壳内仍有带电部件时，在其上装设防护绝缘盖板，并标明“带电”字样，防止人身触电事故。

（9）接线盒内的接地芯线必须比导电芯线长，即使导线被拉脱，接地芯线仍保持连接；接线盒内保持清洁，无杂物和导电线丝。

（10）隔爆型电气设备安装地点无滴水、淋水，周围围岩坚固；设备放置与地平面垂直最大倾斜角度不得超过 15°。

2. 本质安全型电气设备的检查

(1) 本质安全型电气设备必须经过考试合格的防爆电气设备检查员检查其安全性能，并取得合格证。

(2) 本质安全型电气设备应单独安装，尽量远离大功率电气设备，以避免电磁感应和静电感应。

(3) 外壳完整无损、无裂痕和变形。外壳的紧固件、密封件、接地件齐全完好。

(4) 连接的电气设备必须通过联检，并取得防爆合格证；外壳防护等级符合使用环境的要求。

(5) 本质安全型防爆电源的最高输出电压和最大输出电流均不大于规定值。

(6) 本安电路的外部电缆或导线应单独布置，不允许与高压电缆一起敷设。外部电缆或导线的长度应尽量缩短，不得超过产品说明书中规定的最大值。本安电路的外部电缆或导线禁止盘圈，以减小分布电感。

(7) 两组独立的本安电路裸露导体之间、本安电路与非本安电路裸露导体之间的电气间隙与爬电距离符合有关规定。

(8) 设有内、外接地端子的本安型电气设备应可靠地接地。内接地端子必须与电缆的接地芯线可靠地连接。

(9) 设备在使用和维修过程中，必须注意保持本安电路的电气参数，不得高于产品说明书的额定值，否则应慎重采取措施。更换本安电路及关联电路电气元件时，不得改变原电路电气参数和本安性能，更不得擅自改变电气元件的规格、型号，特别是保护元件更应特别注意。更换的保护元件应严格筛选，保证与原设计一致。

(10) 应定期检查保护电路的整定值和动作可靠性；在井下检修本安型电气设备时，也应切断前级电源，并禁止用非防爆仪表检查测量本安电路。

3. 增安型电气设备的检查

(1) 增安型电气设备必须经过考试合格的防爆电气设备检查员检查其安全性能，并取得合格证。

(2) 外壳完整无损、无裂痕和变形。

(3) 外壳的紧固件、密封件、接地件齐全完好。

(4) 外壳防护等级符合使用环境要求。

(5) 裸露导体间的电气间隙和爬电距离符合有关规定。

(6) 绝缘材料的绝缘性能符合有关规定。

(7) 设备的工作温度符合有关规定。

(8) 电路和导线的连接可靠，并符合有关规定。

4. 浇封型电气设备的检查

(1) 浇封型电气设备必须经过考试合格的防爆电气设备检查员检查其安全性能，并取得合格证。

(2) 浇封剂不得有缝隙、剥落等现象，被浇封部件不得外露。

5. 气密型电气设备的检查

(1) 气密型电气设备必须经过考试合格的防爆电气设备检查员检查其安全性能，并取得合格证。

(2) 气密外壳必须完整无损、无裂痕和变形。

6. 充砂型电气设备的检查

(1) 充砂型电气设备必须经过考试合格的防爆电气设备检查员检查其安全性能，并取得合格证。

(2) 充砂型外壳必须完整无损、无裂痕和变形。

(3) 填料覆盖高度符合要求。

7. 正压型电气设备的检查

(1) 正压型电气设备必须经过考试合格的防爆电气设备检查员检查其安全性能，并取得合格证。

(2) 正压型外壳必须完整无损、无裂痕和变形。

(3) 联锁装置完好。

(4) 压力监控器完好。

(5) 通风机等通风换气设备完好。

8. 矿用一般型电气设备的检查

(1) 矿用一般型电气设备必须经过考试合格的防爆电气设备检查员检查其安全性能，并取得合格证。

(2) 矿用一般型外壳必须完整无损、无裂痕和变形。

(3) 联锁装置完好。

(4) 外壳防护等级符合要求。

（三）隔爆型电气设备防爆结合面的防锈处理

煤矿井下湿度大，隔爆型电气设备的接合面极容易生锈，如果锈蚀严重，对其隔爆性能影响极大，甚至造成失爆。为此，应采取如下防锈措施：

1. 涂防锈油剂

在隔爆接合面上直接涂 204-1 防锈油。

2. 涂磷化底漆

这是一种新的防锈涂漆，能代替钢铁的磷化处理。其特点是：漆膜薄，仅有 8～12 μm，且坚韧耐久，具有极强的附着力；涂抹方便，仅用 0.5 h 即可自然干燥；漆膜不瓦斯爆炸时的瞬时高温。

3. 热磷处理

隔爆接合面经热的磷酸盐溶液处理后，在金属表面便形成一层难溶的金属薄膜，即磷化膜，可防止隔爆面的氧化锈蚀。

对在热磷处理时形成的质量差的磷化膜，可用浓度为 10%～15% 的盐酸 (HCL) 溶液（即氯化氢水溶液）或加热的浓度为 15%～20% 的苛性钠 (NaOH) 溶液（也叫火碱溶液）擦洗磷化膜，即可除去，也可用砂布等方法清除。

4. 冷磷处理

隔爆接合面经大修后，一般采用冷磷处理，使其形成一层难溶的金属氧化膜，以防止隔爆接合面氧化锈蚀。

第三节　煤矿机电设备的故障管理

事故是指人们在进行有目的的活动过程中，发生了违背人们意愿的不幸事件，使其有目的的行动暂时或永久地停止。发生事故的原因有直接原因和间接原因。直接原因是指促成事故发生的人的不安全行为（即主观原因或人的原因）和机械、物质或环境的不安全状态（即客观原因）的集合。违章作业、误操作、使用不合格的配件、不遵守规程规范、劳动纪律松懈等，均属主观原因。机电设备性能不良、带病运转、防护保险设施不全、工程质量不合格、生产条件恶劣等，均属客观原因。间接原因是指造成事故发生的直接原因得以产生和存在的原因，它是造成事故的根本原因。造成事故的间接原因是多方面的，主要有管理、工程技术、社会、教育、培训和个人身体素质及精神状态等方面。例如，企业领导贯彻安全生产方针及安全法规的态度不认真，安全监察和业务保安不健全，劳动纪律松懈等，均属管理方面的原因；设备有缺陷，工程设计低限度不符合规范要求，工程质量不符合规定等，均属工程技术方面的原因；政治动乱，对安全生产的干扰，破坏了安全生产规章制度等，均属社会方面的原因；职工安全技术素质低，缺乏安全生产知识等，均属培训教育方面的原因；视力、听觉障碍、患有禁忌症、休息不充分等，均属个人身体和精神方面的原因。

引起事故的人的原因和物的原因（即直接原因）都是互相关联不可分割的。实际上，每一次事故的发生，不可能是上述某一种原因，大多是多种原因促成的，但其中有主、次之分。例如，由于电气设备的防爆性能不良产生电火花引起瓦斯爆炸事故，显然这是一起由于物的原因（电火花和瓦斯积聚）造成的事故。但是也包含着使用不合格设备，瓦斯积聚检查不严或违章作业等人的原因。同时，也有没有严格执行设备检修制度，对工人进行安全教育不够等间接原因。因此，只有把导致事故的直接原因和间接原因都消除了，才能从根本上杜绝事故的发生。

一、矿井机电、运输事故的分类

事故的分类方法很多，且各企业根据自身情况及管理的需要、管理制度的严格程度，对事故的划分标准有所不同。根据煤矿企业生产的特点，矿井机电、运输事故可根据事故发生的对象、事故的影响程度、事故的行为性质和是否造成人员伤亡等情况进行分类。

（一）按事故的成因分

1. 非责任事故

自然事故也称自然灾害，在目前的科技条件下，如地震、海啸：暴风、洪水等都是不可抗拒的天灾。对于这些自然灾害，应尽可能地早期预测预报，把灾害限制在最小。这类事故在矿山井下还不多见。

技术事故发生的原因是由于受到当代科学技术水平的限制，或人们尚未认识到，或技术条件尚不能达到而造成的事故。

意外事故是指突然发生出乎意料的情况，来不及处理而造成的事故。

2. 责任事故

责任事故是人们在生产、工作中不执行有关安全法律法规，违反规章制度（包括领导人员违章指挥和职工违章作业）而发生的事故。

3. 破坏事故

破坏事故是指人员有意识的对设备进行破坏而导致的事故。

4. 受累事故

受累事故是指因其他原因造成事故后，累及自己造成的事故。如斜井因断绳跑车的运输事故，矿车撞坏电缆造成短路导致变压器损坏的电气事故。

（二）按事故的性质分

1. 顶板事故。顶板事故是指矿井冒顶、片帮、顶板掉矸、顶板支护垮倒、冲击地压、露天煤矿边坡移滑垮塌等事故。底板事故也视为顶板事故。

2. 瓦斯事故。瓦斯事故是指瓦斯（煤尘）爆炸（燃烧）、煤（岩）与瓦斯突出、中毒窒息事故。

3. 机械事故。机械事故是指煤矿企业使用的各种机械设备，如提升机、水泵、风机、车床、采煤机等设备发生的事故。

4. 电气事故。电气事故是指变配电设备及线路，如高低压开关、电线电缆、电机及电控设备等设备所发生的事故，以及发生人员触电的事故。

5. 运输事故。运输事故是指矿井运输设备在运行过程中发生的事故，包括机车运输事故、提升机运输事故和皮带运输事故，也包括运输设备在安装、检修、调试过程中发生的事故。

6. 放炮事故。放炮事故是指放炮崩人、触响瞎炮造成的事故。

7. 水害事故。水害事故是指地表水、老空水、地质水、工业用水造成的事故及透黄泥、流沙导致的事故。

8. 火灾事故。火灾事故是指煤与矸石自然发火和外因火灾造成的事故。煤层自然发火，未见明火，逸出有害气体中毒的属于瓦斯事故。

（三）按事故等级分

1. 轻伤事故。轻伤事故是指发生轻微伤害的事故。

2. 重伤事故。重伤事故是指含有重伤，但没有人员死亡的事故。

3. 一般事故。一般事故是指造成3人以下死亡，或者10人以下重伤，或者1000万元以下直接经济损失的事故。

4. 较大事故。较大事故是指造成3人以上10人以下死亡，或者10人以上50人以下重伤，或者1000万元以上5000万元以下直接经济损失的事故。

5. 重大事故。重大事故是指造成10人以上30人以下死亡，或者50人以上100人以下重伤，或者5000万元以上1亿元以下直接经济损失的事故。

6. 特别重大事故。特别重大事故是指造成30人以上死亡，或者100人以上重伤（包括急性工业中毒，下同），或者1亿元以上直接经济损失的事故。

二、事故调查的目的和分级

（一）事故调查的目的

从加强管理的需要来说，发生机电运输事故后，无论事故大小，都应进行事故调查。事故调查的目的是：第一分析事故发生的原因；第二制定防止类似事故再次发生的措施；第三为了发现和掌握事故的发生规律，制定科学的劳动保护法规、安全生产规章制度和质量标准；第四为了对事故相关责任人的处理提供依据；第五为了增强职工的安全生产意识和遵章守纪的自觉性。

不论是一般事故还是重大事故，也不管是伤亡事故还是非伤亡事故，都会给煤矿生产造成不同程度的损失和破坏。尤其是伤亡事故，不但直接影响生产，而且还损害了煤矿的社会形象，不但自己受到痛苦，国家受到损失，同时也给家庭和亲友带来痛苦和损失，所以必须对事故进行调查。

（二）事故调查分级

特别重大事故由国务院或者国务院授权有关部门组织事故调查组进行调查。重大事故、较大事故、一般事故分别由事故发生地省级人民政府、设区的市级人民政府、县级人民政府负责调查。省级人民政府、设区的市级人民政府、县级人民政府可以直接组织事故调查组进行调查，也可以授权或者委托有关部门组织事故调查组进行调查。未造成人员伤亡的一般事故，县级人民政府也可以委托事故发生单位组织事故调查组进行调查。

（三）事故调查程序及调查报告

1. 事故调查程序

(1) 成立事故调查组，迅速展开调查。

(2) 进行现场查勘，拍照、绘制和记录现场情况。

(3) 讨论分析、作出结论。

(4) 提出预防措施。

(5) 提出对相关责任人的处理意见。

(6) 事故调查报告报送负责事故调查的人民政府。事故调查的有关资料应当归档保存。

2. 事故调查报告

事故调查报告应当包括下列内容：

(1) 事故发生单位概况。

(2) 事故发生经过和事故救援情况。

(3) 事故造成的人员伤亡和直接经济损失。

(4) 事故发生的原因和事故性质。

(5) 事故责任的认定以及对事故责任者的处理建议。

(6) 事故防范和整改措施。

事故调查报告应当附具有关证据材料。事故调查组成员应当在事故调查报告上签名。

三、事故预测

煤炭生产坚持“安全第一，预防为主”的方针。为了减少设备事故，需要对设备使用的环境、设备运行状况、操作人员素质、管理水平等因素进行事先辨识、分析和评价，运用各种科学的分析方法对事故发生的概率进行科学预测，从而制定有效的措施，预防事故发生。

（一）事故预测的概念

事故预测，或称安全预测、危险性预测，是对系统未来的安全状况进行预测，预测系统中存在哪些危险及危险的程度，以便对事故进行预报和预防。通过预测，可以发现一台或一类设备发生事故的变化趋势，帮助人们认识客观规律，制定相应的管理制度和技术方案，对事故防患于未然。

预测是从过去和现在已知的情况出发，利用一定的方法或技术去探索或模拟未出现的或复杂的中间过程，推断出未来的结果。

（二）事故预测的原则

单个事故的发生都是随机事件，但又是有规律可循的。对于设备事故的研究，是将其作为一种不断变化的过程来研究的，认为事故的发生是与它的过去和现状紧密相关的，这就有可能经过对事故现状和历史的综合分析，推测它的未来。预测的结论不是来源于主观臆断，而是建立在对事故的科学分析上。因此，只有掌握了事故随机性所遵循的规律，才能对事故进行预测预报。

认识事故的发展变化规律，利用其必然性是进行科学预测所应遵循的总的原则。进行具体事故预测时，还要遵循以下几项原则：

1. 惯性原则。按照这一原则，认为过去的行为不仅影响现在，而且也影响未来。尽管未来时间内有可能存在某些方面的差异，但对于系统的安全状态总的情况来看，今天是过去的延续，明天则是今天的未来。

2. 类推原则。即把先发展事物的表现形式类推到后发展的事物上去。利用这一原则的首要条件是两事物之间的发展变化有类似性；只要有代表性，也可由局部去类推整体。

3. 相关原则。相关性有多种表现形式，其中最重要的是因果关系。在利用这一原则预测之前，首先应确定两事物之间的相关性关系。

4. 概率推断原则。当推断的预测结果能以较大概率出现时，就可以认为这个结果是成立的，可以采纳的。一般情况下，要对可能出现的结果分别给出概率，以决定取舍。

（三）事故预测方法

事故预测分为宏观预测和微观预测。前者是预测矿井在一个时期机电事故发生的变化趋势，例如根据预测前一定时期的事故情况，预测未来两年的事故增加或降低的变化；后者是具体研究一台或一类设备中某种危险能否导致事故、事故的发生概率及其危险程度。

对于宏观预测，主要应用现代数学的一些方法，如回归预测法、指数平滑预测法、马尔可夫预测法和灰色系统预测法等方法；对于微观预测，可以综合应用各种系统安全分析方法，目前较为实用的系统安全分析方法有排列图、事故树分析、事件树分析、安全表检查、控制图分析和鱼刺图分析等，这些方法中，既有定性分析方法，又有定量分析方法，都可以对事故进行分析和预测。

四、事故分析

（一）事故的影响因素分析

煤炭企业中所有事故产生的原因，都可分为自然因素（如地震、山崩、台风、海啸等）和非自然因素造成的。自然因素虽然不是人力所能左右的，但可以借助科学技术，提前采取预防措施，将事故的损失降低。矿井中更多的事故是非自然因素影响造成，非自然因素包括人的不安全行为和物的不安全状态，造成事故是物质、行为和环境等多种因素共同作用的结果。

具体来说，影响事故发生的因素有五项：人 (Man)、物 (Material)、环境 (Medium)、管理 (Management) 和事故处理。其中最主要的影响因素是前四项因素，又称为“4 M”因素。

1. 人的因素。人的因素包括操作工人、管理人员、事故现场的在场人员和有关人员等，他们的不安全行为是事故的重要致因。

2. 物的因素。物的因素包括原料、燃料、动力、设备、工具等。物的不安全状态是构成事故的物质基础，它构成生产中的事故隐患和危险源，当它满足一定的条件时就会转化为事故。

3. 环境因素。环境因素主要指自然环境异常和生产环境不良等。不安全的环境是引起事故的物质基础，是事故的直接原因。

4. 管理因素。管理因素即管理的缺陷，主要指技术缺陷以及组织、现场指挥、操作规程、教育培训、人员选用等方面的问题。管理的缺陷是事故的间接原因，是事故的直接原因得以存在的条件。

总之，人的不安全行为、物的不安全状态和环境的恶劣状态都是导致事故发生的直接原因。

（二）人为失误分析

在众多的安全管理理论中，有一种人为失误论的观点认为，一切事故都是由于人的失误造成。人的失误包括工人操作的失误、管理监督的失误、计划设计的失误和决策的失误等，是由于人“错误地或不适当地响应一个刺激”而产生的错误行为。这种事故模式可以对煤矿中的放炮事故和部分机电运输事故作出比较圆满的解释。但是，由于没有考虑物的因素和环境因素等对事故的影响，所以对大多数煤矿事故的解释难以令人满意。不可否认，在煤矿发生的事故中，大多数的事故都和人的因素相关，根据各方面的统计，在煤矿发生的事故中有 80% 是由于人为失误造成的，但如果一切都从人的因素去研究，就不能客观、全面地分析系统，忽视其他因素的存在，不能发现存在的其他隐患，如恶劣的作业环境、陈旧的设备、落后的技术等，这将不利于对事故的预防和安全管理水平的提高。

（三）预防事故的三大对策和十一项准则

1. 预防事故的三大对策

（1）工程技术对策。工程技术对策又叫本质安全化措施（简称“技治”）。

（2）管理法制对策。管理法制对策又叫强制安全化措施（简称“法治”）。

（3）教育培训对策。教育培训对策又叫人治安全化措施（简称“人治”）。

2. 预防事故（危险）的十一项准则

危险因素转化为事故是有条件的（如瓦斯有燃烧和爆炸的危险因素，但瓦斯要转化为燃烧爆炸事故，需要同时具备 3 个条件），只要危险因素不具备转化为事故的条件，事故也就避免了。危险因素如何才能不转化为事故的条件，应遵循以下十一项准则。

（1）消除准则。消除准则是指采取措施消除有害因素，如矿井加强通风吹散炮烟等。

（2）减弱准则。减弱准则是指无法消除者，则必须减弱到无危害程度，如煤矿抽放瓦斯等。

(3) 吸收准则。吸收准则是指采取吸收措施，消除有害因素，如矿井排水、消除噪声、减震等。

(4) 屏蔽准则。屏蔽准则是指设置屏障限制有害因素的侵袭或人员进入（接触）危险区，如常用的安全罩、防火门、防水闸门等。

(5) 加强准则。加强准则是指保证足够的强度，万一发生意外，也不会发生破坏而导致事故，如为确保安全而采用的各种安全系数。

(6) 设置薄弱环节准则。设置薄弱环节准则是指在一个系统中设置一些薄弱环节，通过提前释放能量或消除危险因素以保证安全，如供电线路上的熔断器、高压系统中的安全阀、防爆膜等。

(7) 预警准则。预警准则是指静态系统中的预告标志（如井下盲洞的提示牌），动态系统中的极限值报警信号（如井下瓦斯监测的报警装置）。

(8) 连锁准则。连锁准则是指有的机械运行时不能检修，检修时不能运行。

(9) 空间调节准则。空间调节准则又称时空调节准则。如提升运输上的保险挡、保险栏、保险洞；又如“行车不行人，行人不行车”的规定等。

(10) 预防性试验准则。预防性试验准则是指为了预防事故，确保安全，有的部件直至一个系统在选用前做好试验是必要的，如受压容器的水压试验、高速设备的超速试验等。

(11) 预防化一自动化一机代人准则。这是一条减少人身伤亡事故的本质措施，目的在于尽量提高操作、管理的准确性和尽量避免人在危险条件下工作，从而达到消除人的伤亡和物的损失，如机械回柱放顶代替人工回柱放顶等。

五、事故处理分析

（一）事故处理

事故处理包括两方面内容：一是对事故造成的后果的处理，指生产现场的恢复、被损坏设备的修复，如设备未能在短时间内修复，需要采取的临时措施。二是对事故责任人员的处理。对责任人的处理，主要根据《生产安全事故报告和调查处理条例》进行处理。

（二）事故追查三不放过及三不生产原则

1. 事故追查三不放过原则

(1) 事故原因分析不清不放过。

(2) 事故责任者和群众没有受到教育（处理）不放过。

(3) 没有防范措施不放过。

2. 坚持三不生产原则

(1) 不安全不生产。

(2) 隐患不处理不生产。

(3) 安全措施不落实不生产。

（三）典型煤矿机电事故案例

1．防爆电气设备喷火引起的事故

(1) 事故案例

某矿 301 盘区第六部胶带运输机使用的 QC83-80 隔爆型磁力启动器，因开关内部短路，电弧顺隔爆间隙喷出，将附近堆积的油桶、油棉纱、废皮带等易燃物引燃酿成火灾，在处理火灾过程中，由于煤巷顶板冒落，扬起煤尘，引起爆炸，死亡 23 人，重伤 2 人，轻伤 3 人，直接经济损失 5 万元。

(2) 原因分析

目前隔爆型电气设备的隔爆结构（电气设备隔爆外壳）不能保证在产生电弧短路时隔爆性能不受损害。也就是说不能保证不引燃开关周围的浓度达到爆炸极限的瓦斯。这起事故是因维护检修、检查不好，造成开关内部元件短路发生电弧所致，直接原因是隔离刀闸未合到最佳位置，又重载启动，产生电弧，因隔爆外壳的间隙超限所致。

(3) 预防措施

①对防爆型电气设备应经常进行检查与检修，使其各触头接合处接合紧密，使其各部件有良好的绝缘水平，保持开关的良好状态，同时要教育使用人员按规定认真仔细操作，以防止类似电弧短路事故的发生。

②井下电气设备必须按《煤矿安全规程》的要求选用，同时在使用中还必须使防爆电气设备在确保有关沼气、煤尘等方面的安全作业环境中运行。

2. 巷道带电作业引起瓦斯爆炸事故

(1) 事故案例

某矿工作面左一未贯通巷道，在已停掘巷内，拆运耙斗撞倒棚子，把风筒断开，使该巷道长达500多米，37.5 h内无风，造成瓦斯积聚。瓦斯人员漏检，弄虚作假。机电工进入瓦斯积聚区修理开关，带电作业，产生电火花，引起瓦斯爆炸。死亡48人，轻伤8人，直接经济损失达204.96万元。

(2) 原因分析

①搬运耙斗过程中将棚子撞倒，风筒断开造成左一顺槽内37.5 h无风，瓦斯积聚；瓦斯检查员漏检；机电工严重违章带电作业，产生电火花，是造成这次爆炸事故的直接原因。

②各级领导干部安全第一思想树立不牢，对通风工作的重要性、瓦斯的危害性、电气防爆工作的严肃性认识不足，重生产轻安全是酿成这次事故的根本原因。

③安全技术培训抓得不扎实，职工技术素质低，对断开风筒一事，曾有多人发现却无一人进行处理或汇报。是导致事故发生的重要原因。

(3) 预防措施

①坚持安全例会制度，认真贯彻上级有关文件及规章制度，针对本矿实际存在的问题，研究制定落实措施，按时解决存在的安全隐患，充实安全监察人员，强化安监工作。

②加强对“一通三防”工作的领导，严格执行各项管理制度。一要做到通风系统合理可靠，主扇防爆门结构，从设计上、采掘部署上为通风工作创造条件；

第三章 煤矿机电设备安全运行管理

二要加强局部通风管理，局扇必须实现三专两闭锁供电方式，保持连续运转；三要充实调整瓦检人员，煤巷及半煤岩巷设专职瓦检员，完善巡回检查制度、交接班制度和干部查岗制度，杜绝空班漏检；四要合理使用和维修好安全仪表、瓦斯检测系统，专职放炮员、班组长、电钳工、采掘区队长要逐步配齐瓦斯检定仪器；五要建立健全综合防尘系统，管理好、用好洒水灭尘装置，坚持使用水炮泥，提高煤体注水效果；六要充分发挥抽放系统作用，坚持不抽放不开采。

3. 电气误操作引起的着火事故

(1) 事故案例

某矿 11-3 层 309 盘区 2 号变电所，维修电工处理采煤六队设备不能正常启动问题，到变电所婕用 MF'-4 型万用电表测量采煤七队的变压器二次侧电压，测完后又用万用电表测电流，当万用电表卡子接触变压器二次侧接线柱时产生弧光，点燃了有油污的橡套电缆。着火后，工人又用毛巾抽打，用水浇，使火势扩大，造成 3 人中毒死亡，烧毁 320 kV · A 变压器 3 台、高压开关 1 台、低压开关 5 台、检漏继电器 2 台、皮带 20 m 及铠装电缆和橡套电缆各 100 m，直接经济损失 3.26 余万元。

(2) 原因分析

①电工不懂万用电表性能，错误地以万用电表测变压器二次侧电流，造成相间短路产生电弧起火；

②变电硐室没有灭火器材，灭火方法不当，又错误地用毛巾抽打和用水浇，反使火势增大；

③未关防火门，使火势蔓延，引燃皮带；

④工人未佩带自救器。

(3) 预防措施

①加强机电人员的培训，熟知仪器仪表的性能和正确的使用方法，不合格者不准上岗工作；

②变电硐室配备足够的灭火器材，并应有专门值班人员看变电所；

③入井人员必须佩带自救器。

4. 人罐过卷事故

(1) 事故案例

某矿副井提升高度 582 m，绳速 9.6 m/s。正司机在提升人员过程中，当上行罐笼距停车点还有 275 m 时，深度指示器的传动轴销子脱出，指针停止。司机思想旁骛，没有觉察，而副司机又擅离职守，没有在旁监护，使罐笼在超过减速点后仍全速上行，直至触发过顶开关后，在保险闸和楔形罐道制动力的作用下才被停住，但已过卷 11 m 之多。幸亏制动减速度在安全范围之内，6 名乘员未受伤害。

(2) 原因分析

①深度指示器故障，又无故障保护。

②司机失误。正司机思想旁骛，长时不观察深度指示器指针的动作；副司机擅离职守，在提升人员时不进行监护。

(3) 预防措施

①增设深度指示器故障保护。

②严格执行《煤矿安全规程》有关规定：在司机进行提升人员的操作时，必须有副司机在旁监护。

③研究在井筒内增设传感器，用以触发减速警铃和速度限制器，以作为深度指示器操作系统的备用装置。

5. 刮板输送机机头翻翘伤人事故

(1) 事故案例

某矿二井 604 掘进队，25 区风道，第四台 SGW—40T 链板运输机的刮板链，被磨损卷边的溜槽卡住，造成机头一侧掉链，用正转启动运转处理掉链时，上链出槽，同时机头翻翘，将处理掉链后尚未离开机头的工人碰击致死。

(2) 原因分析

该工人在处理 SCXV—40T 型链板运输机机头一侧掉链后跨过机头时，他人启动电动机，刮板链出槽崩击中工人，随即机头翻翘将工人碰击顶板死亡。机头翻翘的原因是在机头与过渡槽无连接螺栓固定或机头无支撑压柱的条件下，刮板链同时处于下列 3 种情况下而发生。

①向机头方向正转启动。

②在下槽被卡阻，负载骤增。

③在机头部分出槽。

(3) 预防措施

①提高铺设质量。安装移动链板运输机时，必须将机头与过渡槽的连接螺栓安装齐全紧固；在工作面，为了防止机头下窜，可加设支撑柱，同时可以防止机头翻翘。支柱的支撑位置，应设在机头下部的撬板上，不得支撑在减速器或机头壳上；机头铺设位置应恰当。无论在工作面或运输巷，铺设机头的位置都必须恰当，以防止浮煤带入下槽，增加下槽阻力，或使刮板链受卡阻，造成机头翻翘的条件。

②加强维护注意安全质量和观察运行状态。在日常维护中应及时更换磨损过限的溜槽，边双链运输机缺螺栓的刮板应及时补齐，以免被下槽卡阻；处理机头或机尾故障、紧链、接链后，启动前人必须离开机头或机尾；刮板输送机运转中，人不得在机头、机尾及溜槽中行走或逗留；不得使用脚蹬出槽刮板链的方法，处理出槽的刮板链，因为这样做，除在机头、机尾有翻翘伤人的可能外，还存在刮板伤害脚或腿的可能。

6. 液压支架护帮板伤人事故

(1) 事故案例

某矿 301 盘区 2 号层 8143 综采工作面，该工作面用 T2720—20.5/32 型支撑掩护式液压支架 54 架做工业性试验，配 SGB—764/264 型链板运输机、AM—500 型无链牵引采煤机。在操作 2 号支架护帮板时，护帮千斤顶未动作，班长未将操作阀扳回零位，稍过一会儿，在其未注意的情况下，护帮板突然下落，将其头部压在 2 号支架溜槽挡煤板上，当场死亡。

(2) 原因分析

班长在操作 2 号支架护帮板时，8 号与 25 号支架正在升柱。由于系统液压降低供液量不足，因此，2 号支架护帮板未能动作，当 8 号与 25 号支架升柱到位后，系统压力升高，在 2 号支架护帮板千斤顶操作阀未回零时，就开始动作，又因该千斤顶缸径小 (480 mm)，因此，动作迅速，躲避不及，以致打死。

事故后检查2号支架时发现护帮千斤顶高压胶管接反，班长被打死可能是误操作所致。

(3) 预防措施

①操作护帮板千斤顶时，应随时注意千斤顶的动作，如果不动作，必须及时把操作手把放到零位，查找原因后再操作，不得把操作手把停留在工作位置；

②保持液压支架上的每一根高压胶管都处在规定的位置，不得任意更改，以免他人误操作；

③加强设备维修，及时更换磨损的护帮板机械闭锁钩，避免护帮板失控自行脱落；

④操作护帮板时，必须在前探梁升起到接顶的工况下进行；

⑤工作面的行人应随时注意，不要碰击液压支架的操作手把。

7. 掘进机事故

(1) 事故案例

某矿14号层309盘区皮带巷掘进工作面，该掘进工作面使用英国多斯科悬臂式煤巷掘进机，工作中司机图省事没有停止截割头的转动，就到工作面检查中心线，结果不小心被截割头割伤致死。

(2) 原因分析

掘进机事故的发生都是由于司机工作马虎、违章作业和非司机操作等原因所造成。操作规程中规定“截割头运转中，机器前方不得停留任何人员”，司机没有停止截割头的转动，就到工作面检查中线，从而造成事故。

(3) 预防措施

预防的方法，司机不得贪图省事，必须认真贯彻操作规程、作业规程与岗位责任制度；非司机不得擅自开动机器。

第四章　国内外煤炭行业及机电设备维修现状

一、国外煤炭行业及机电设备维修现状

（一）国外煤炭行业现状

近年来，国际煤炭价格一直在低谷徘徊，韩国、日本等国家及地区的煤炭进口量基本维持不变，印尼和澳大利亚等主要国际煤炭出口国的煤炭生产量和煤炭出口量增幅较大，国际煤炭海上运费长期持续低迷使我国煤炭出口丧失了原有的区位优势。因为进口煤炭相对于国内煤炭仍具备一定的价格上的优势，国内的贸易商和部分用煤企业将会继续使用进口煤炭，所以，我国的煤炭进口量在短时期内不会出现较大的变动。总的来说，我国近期的煤炭进口量仍将维持历史高位水平。煤炭出口方面，虽然自 2015 年 1 月 1 日调整了煤炭出口关税以来，煤炭出口成本有所下降，但是煤炭出口量并没有显著改观。整体看来，国内煤炭企业在面临国内、国外两个市场的压力下，难言乐观。

（二）国外机电设备维修现状

目前主要维修理论和管理模式主要有以下几种：事后维修 (Breakdown Maintenance，BM)、预防性维修 (Preventive Maintenance，PM)、修正性维修 (Corrective Maintenance，CM)、主动维修 (Proactive Maintenance)、维修预防 (Maintenance Prevention，MP)、全员生产维修 (Productive Maintenance，TPM:Total)、可靠性维修 (Reliability Centered Maintenance，RCM)、状态维修 (视情维修)(Condition Based Maintenance，CBM) 和预知维修 (Predictive Maintenance，Pd M) 等。一项瑞典的计算机设备管理记录表明 4 个瑞典的企业中

2000多个设备异常事件中有30%是人为造成的。如果按照损失费用计算，人为造成的达到37%。不同的机电故障其造成的影响是不同的，有的会使生产中断，有的能降低产品质量、有的影响到使用的便捷，有的甚至还会产生严重的安全后果，给设备和人员带来不可逆转的损失和伤害。不同的机电故障其维修所产生的费用也会有所不同。机电设备故障产生的影响可分为以下几个方面：安全、环境、机电设备损伤、生产进度和产品质量、对客户影响、重新运转需要投入的运转费用。这些指标可以准确地或近似地加以量化，进而采用计算机来管理，变对机电设备维修的定性考核为定量考核。当然，并不是所有的维修指标都能够准确的加以量化，要做到准确量化各种机电设备维修指标还有较长的一段路要走。但是，正是这些量化工作才使机电设备维修管理由感性逐渐走向理性。

二、国内煤炭行业及机电设备维修现状

（一）国内煤炭行业现状

2015年上半年全国原煤产量17.89亿t，同比减少1.1亿t，下降5.8%；其中6月份产量3.27亿t，同比减少1683万t，下降4.9%。2015年上半年全国煤炭企业销售16.2亿t，同比减少1.42亿t，下降8.1%;其中6月份销售2.86亿t，同比减少1900万t，下降6.2%。2015年上半年全国累计进口煤炭9987万t，同比减少5991万t，下降37.5%（其中，6月份当月进口1660万t，同比减少845万t，下降33.7%）；出口234万t，同比下降25.9%；净进口9753万t，同比减少5909万t，下降37.7%。2015年上半年全国铁路累计发运煤炭10.2亿t，同比减少1.27亿t，下降11.1%，其中6月份发运1.61亿t，同比减少2644万t，下降14.1%，连续10个月下降，降幅比上月再扩大0.9个百分点。2015年上半年主要港口发运煤炭3.3亿t，同比下降3.2%，其中6月份发运5895万t，增长3%。

据中国市场报告网发布的2015年中国煤炭行业现状研究分析与市场前景预测报告显示，2015年以来，面对持续加大的下行压力，党中央、国务院坚持稳中求进的工作总基调，灵活施策，在区间调控基础上加大定向调控力度，积极增

加公共产品、公共服务；央行连续降准、降息，加快铁路、公路、水利、城市地下管网基础设施和棚户区项目建设，推进“互联网 +”《中国制造 2025》行动计划，实施“一带一路”“京津冀一体化”“长江经济带”战略，这些政策措施有效地遏制住了工业增速下滑的趋势。这对经济运行给予了有效的提振，也将对煤炭需求起到一定的拉动作用。同时，国家积极推动经济结构和能源结构调整，加大节能减排力度，治理大气环境，也将对煤炭需求起到一定的抑制作用。当前煤炭市场继续下行的空间有限，随着国民经济企稳向好，2015 年下半年煤炭市场有向好的迹象。但总体上看煤炭市场供大于求的态势短期内难以根本改变，煤炭企业经营困难、煤矿安全生产和矿区稳定的问题已经引起高度重视。从竞争格局来看，当前全国煤炭企业数量大幅减少，在山西、陕西、贵州等省兼并重组推动下，煤炭企业平均产能由 2009 年的 32 万吨大幅提升至目前的 49 万吨，大型煤炭企业产量占比将大幅上升。目前，神华集团、中煤集团、山西焦煤和同煤集团前四家企业产量加起来仅占全国煤炭总产量的 21% 左右。到 2015 年，我国煤炭需求总量约为 40 亿吨 (含净进口 2 亿吨)，而全国各省份规划的煤炭产能约 56 亿吨，煤炭产能过剩趋势明显，即将面临供大于求。此外，发展还面临着项目建设高峰期带来的负债率上升、部分煤矿资源接续紧张等问题。破解这些制约发展的难题，中国煤炭企业要大力实施转型升级，科技创新、人才强企、安全发展四大战略，加快建设具有国际竞争力的世界一流能源企业。另外，在“十二五”期间国家对优质炼焦煤和无烟煤资源实行保护性开发，具体措施包括总量控制、鼓励兼并重组、限制出口、控制矿权审批节奏等。在煤炭产业结构上，形成以煤为主，煤电路港化和装备制造、煤炭物流等相关产业联营或一体化发展格局，拥有资金、技术、地理优势的企业将获得更多的政策支持。

（二）国内煤炭企业机电设备维修现状

目前，煤炭企业在用的机电设备数量和类型很多、价格不菲，其使用费用、维修费用、库存保管费用，甚至占到煤矿生产成本开支的 40% 之多，机电设备维修管理水平的高低直接影响到煤企的生产效率的高低和成本的有效控制。我国煤炭企业大部分都存在一个问题，即机电设备维修管理机制、管理理念落后，在日常机电设备维修管理工作中存在较多需要改进的地方。随着煤炭企业机械化进程的延伸，机电设备维修工作在其生产经营中发挥出更加重要的作用，高效的机电设备维修工作为煤炭企业生产一线提供安全可靠、无间断的供电保障。主副井提升机、主通风机、斜巷提升绞车、综采机、综掘机更是煤矿生产中不可或缺的关键设备，这些设备一旦发生故障轻者会影响生产进度，重者则会造成重大人员伤亡事故和机电运输事故。煤矿机电设备维修管理水平的高低不仅关系到矿井的经济效益，更与矿井安全和社会稳定密不可分。因此，更新落后的管理理念、建立起完备的机电设备维修管理机制，才能更大程度地发挥现有煤炭企业机电设备的潜力，才能为煤炭企业产出更多的效益。

第五章　煤矿机电设备的改造与更新

第一节　设备的磨损与寿命

一、设备的磨损

摩擦两对偶表面因相对运动而出现材料不断迁移或材料从表面脱落的过程称为磨损。设备的磨损是指设备在使用过程中，由于输入能量而运转，产生摩擦、振动、疲劳，致使相对运动的零部件实体产生磨损，这种有形磨损称为使用磨损。使用磨损的结果一般表现为设备零部件的尺寸、几何形状发生改变；设备零部件之间的公差配合性质发生改变，导致工作的精度和性能下降，甚至零部件损坏，引起相关其他零部件损坏而导致事故；表面上产生残留变形，发生各种物理、化学、机械现象。

二、磨损的分类与规律

磨损的分类方法很多，可从不同的角度进行分类，但比较常用的方法是根据磨损机理将磨损分为黏着磨损、磨粒磨损、表面疲劳磨损、腐蚀磨损四种基本类型。此外，有些磨损形式是基本类型的派生和复合，如侵蚀磨损是一种派生形式的磨损，微动磨损是一种复合形式的磨损。设备磨损一般分为两类，即设备的有形磨损和无形磨损。

（一）有形磨损（又称为物质磨损）

设备在使用过程中，在外力的作用下实体产生的磨损、变形和损坏，称为第一种有形磨损，这种磨损的程度与使用强度和使用时间有关。

设备在闲置过程中受自然力的作用而产生的实体磨损，如金属件生锈、腐蚀、橡胶件老化等，称为第二种有形磨损，这种磨损与闲置时间和所处环境有关。

上述两种有形磨损都造成了设备的性能、精度等的降低，使得设备的运行费用和维修费用增加，效率低下，造成设备使用价值的降低。

（二）无形磨损（又称为经济磨损）

设备无形磨损不是由生产过程中使用或自然力的作用造成的，而是由于社会经济环境变化造成的设备价值贬值，是技术进步的结果，无形磨损又有两种形式。

设备的技术结构和性能并没有变化，但由于技术进步，设备制造工艺不断改进，社会劳动生产率水平提高，同类设备的再生产价值降低，因而设备的市场价格也降低了，致使原设备相对贬值。这种磨损称为第一种无形磨损。这种无形磨损的后果只是现有设备原始价值部分贬值，设备本身的技术特性和功能即使用价值并未发生变化，故不会影响现有设备的使用。因此，不产生提前更换现有设备的问题。

第二种无形磨损是由于科学技术的进步，不断创新出结构更先进、性能更完善、效率更高、耗费原材料和能源更少的新型设备，相比较，原有设备相对陈旧落后，其经济效益相对降低而发生贬值。第二种无形磨损的后果不仅是使原有设备价值贬值，而且由于先进的新设备的发明和应用会使原有设备的使用价值局部或全部丧失，这就产生了是否用新设备代替现有陈旧落后设备的问题。

有形和无形两种磨损都引起设备原始价值的贬值，这一点两者是相同的。不同的是，遭受有形磨损的设备，特别是有形磨损严重的设备，在修理之前，常常不能工作；而遭受无形磨损的设备，并不表现为设备实体的变化和损坏，即使无形磨损很严重，其固定资产物质形态也可能没有磨损，仍然可以使用，只不过继续使用它在经济上是否合算，需要分析研究。

（三）设备的综合磨损

设备的综合磨损是指同时存在有形磨损和无形磨损的损坏和贬值的综合情况。对任何特定的设备来说，这两种磨损必然同时发生和同时互相影响。某些方面的技术要求可能加快设备有形磨损的速度，例如，高强度、高速度、大负荷技术的发展，必然使设备的物质磨损加剧。同时，某些方面的技术进步又可提供耐热、耐磨、耐腐蚀、耐振动、耐冲击的新材料，使设备的有形磨损减缓，但是其无形磨损加快。

（四）特种磨损

特种磨损是由于组成设备的零部件中，某些零部件的工件特殊，它的磨损无一般零部件正常磨损的一、二阶段，会直接出现剧烈磨损阶段，这种磨损称为特种磨损。

特种磨损是零件表面因疲劳而损坏所致，一般发生在设备中用作传递力的零件，如电动机的轴键部分、花键轴和花键槽等。

（五）设备磨损的原因及其规律

设备无论在使用还是在闲置过程中，都会产生磨损 j 磨损，即设备在实物形态上的磨损，是指设备在运转使用中，作相互运动的零部件的表面，在力的作用下，因摩擦而产生各种复杂的变化，使表面磨损、剥落和形态改变，以及由于物理、化学的原因引起零部件疲劳、腐蚀和老化等。设备使用过程中的有形磨损，既有正常磨损，又有因保管、使用不当和因受自然力的腐蚀（工作环境恶劣所致）而引起韵非正常磨损。

1. 设备磨损的表现

组成设备的各零部件的原始尺寸改变。当磨损达到一定程度时，甚至会改变零部件的几何形状。

使零部件之间的相互配合性质改变，导致传动松动，精度和工作性能下降。

零件损坏，甚至因个别零件的损坏而引起与之相关联的其他零件的损坏，导致整个部件损坏，造成严重事故。

设备在闲置过程中，自然力的作用（如油封油质中的腐蚀性介质的侵蚀，空气中的水分和有害气体的侵蚀等）是产生磨损的主要原因，如果保管不善，缺乏必要的维护保养措施，就会使设备腐蚀，随着时间的延长，腐蚀面和深度不断扩大、加深，造成精度和工作能力自然丧失，甚至因锈蚀严重而报废。

2. 设备产生磨损的规律

在一般情况下，设备在使用过程中，零部件的磨损都有一定规律，零件的磨损大致可分为三个阶段。

第一阶段是初期磨损阶段（也称磨合磨损阶段）。这是设备的初期磨损阶段，零部件接触面磨损较为剧烈，较快地消除了原有加工的粗糙面，形成最佳表面粗糙度。在这个阶段，设备各零部件表面的宏观几何形状和微观几何形状（表面粗糙度）都要发生明显的变化。这种现象的产生，原因是零件在加工、制造过程中，无论经何种精密加工，其表面仍有一定表面粗糙度。当互相配合做相对运动时，设备粗糙表面由于摩擦而磨损。此时的磨损速度很快，磨损量和时间决定于零件加工的粗糙程度。这种现象一般发生在设备制造、修理的总装调试时和投入使用期的调试和初期使用阶段。

做相对运动的零部件的表面经磨合磨损以后，磨损进入了第二阶段，即正常磨损阶段。在一定的工作条件下，零件以相对恒定的速度磨损。在这一阶段内，如果零部件的工作条件不变或变化很小时，磨损量基本随时间匀速增加。也就是说，在正常情况下，零部件的磨损速度非常缓慢。当磨损到一定程度，零件不能继续工作时，这一阶段的时间就是这个零件的使用寿命。

第三阶段称为剧烈磨损阶段。设备磨损到一定程度后，磨损加剧，这一阶段的出现，往往是由于零件已到达它的寿命期而仍继续使用，破坏了正常磨损关系，使磨损加剧，磨损量急剧上升，造成机器设备的精度、技术性能和生产效率明显下降。例如，机器设备上的轴和滑动轴承之间的摩擦，在正常情况下，是由相互的配合间隙内的流体或半流体隔开，使它们不直接接触摩擦。当轴或轴承磨损到一定程度而仍继续使用时，就因间隙增大，造成油或油脂量不足，液体摩擦失去作用，使轴与轴承直接摩擦，磨损加剧。

按照以上磨损规律，设备修理的最佳选择点，应该是设备由渐进磨损转化为加剧磨损之前。因此，从磨损规律上分析，计划预修较为科学、合理。了解了这一规律，就可知如何使初期磨损阶段越短越好，正常磨损阶段越长越好，避免出现剧烈磨损阶段。初期磨损阶段的时间短，说明设备的零部件加工、制造的质量好。正常磨损阶段的时间长，说明零部件的使用寿命长，就可以减少更换或修复的次数和停机时间，提高了设备的可利用率。如果能控制零部件的磨损在未进入剧烈磨损阶段时，就采取了相应措施，说明设备技术状况的管理已具有一定水平，基本掌握了磨损规律及零部件的使用寿命。

有时会出现这种现象：有些设备初期磨损阶段以后没有一个明显的正常磨损阶段，有的虽然有正常磨损阶段，但时间很短暂，就直接进入剧烈磨损阶段。这种现象的出现，除设备（或零部件）的原制造（或修理）质量低劣外，在一般情况下，大都由于使用过程中的外部因素，如超负荷、超范围使用，引起作用力增加；因润滑不良，使两个相互运动的零部件表面直接接触摩擦；在两个摩擦面之间聚集了磨料和磨损物等。所有这些，均是因为使用不合理，维护保养不良所致。

（六）设备磨损的经济后果

设备由于磨损，会导致其性能、精度、生产效率逐步下降，消耗不断增加，废品率上升，与设备有关的费用（使用费）也逐步提高，从而使所生产的单位产品成本上升。当有形磨损比较严重，或达到一定程度仍未采取措施时，设备就不能正常工作，并由此会发生事故，使设备提前失去工作能力。

（七）减少设备磨损的措施和补偿方式

磨损会引起设备原值的降低，磨损严重的设备，往往不能正常运转使用。设备的磨损形式不同，所采取的措施和补偿磨损的形式也不同。设备产生磨损后，有一部分是可以通过修理来消除的，这类磨损属于可消除的有形磨损，其补偿形式，一般称为磨损的局部补偿；另一部分是不能通过修理消除的，这类磨损属于不可消除的有形磨损。不可消除的有形磨损，一种是因可消除的有形磨损不及时或没有进行局部补偿，形成磨损的积累，导致提前丧失工作能力，修理代价大而不经济，需要购置新的设备来替代；另一种是设备已到达其自然寿命，不能作为劳动工其继续使用，修理又不经济时，需要用同样用途的新设备来替换更新。

三、设备的寿命

设备寿命周期是指设备从开始投入使用时起，一直到因设备功能完全丧失而最终退出使用的总的时间长度。衡量设备最终退出使用的一个重要指标是可靠性。可靠性是指设备在规定条件下和规定时间内，完成规定功能的能力。规定条件是指使用条件与环境条件，具体条件如负荷、温度、湿度、压力、振动、冲击、噪声、电磁场等，此外还包括使用、操作、维修方式以及维修水平等有关方面。规定时间是指系统失效的经济寿命期，即在考虑到陈旧期、老化期和经济磨损期的条件下，能正常发挥功能的总时间。在实际中，规定的时间可指某一时间段或使用的次数等。规定功能是指设备系统的预期功能，即设备所应实现的使用目的。对不同类型的设备要有相应的具体规定，对于失效也应确切给定。

设备的寿命通常是设备进行更新和改造的重要决策依据。设备更新改造通常是为提高产品质量，促进产品升级换代，节约能源而进行的。其中，设备更新也可以是从设备经济寿命来考虑的，设备改造有时也是从延长设备的技术寿命、经济寿命的目的出发的。设备寿命可以划分为自然寿命、技术寿命、经济寿命和折旧寿命。

（一）自然寿命

设备的自然寿命，又称为物质寿命，它是指设备从投入使用开始，直到因物质磨损而不能继续使用、报废为止，所经历的全部时间。它主要是由设备的有形磨损所决定的。做好设备的保养和维修，可以延长设备的自然寿命，但没有从根本上避免设备的磨损，因为随着设备使用时间的延长，设备不断老化，维修所支付的费用也逐渐增加，从而出现经济上不合理的使用阶段。

（二）技术寿命

设备的技术寿命是指设备从投入使用到因技术落后而被淘汰所延续的时间。它包含两方面的含义，一方面，由于科学技术的迅速发展，对产品的质量和精度的要求越来越高；另一方面，由于不断涌现出技术上更先进、性能更完美的机械设备，这使得原有设备虽还能继续使用，但不能保证产品的精度、质量和技术要求。由此可见，技术寿命主要是由设备的无形磨损所决定的，它一般比自然寿命要短，而且科学技术进步越快，技术寿命越短。

（三）经济寿命

设备的经济寿命是指设备从投入使用开始，到因继续使用在经济上不合算而被更新所经历的时间，它主要由设备年消耗成本和设备年运行成本两个因素决定。设备年消耗成本是每年所分摊的设备购置费和资金占用费，它随着设备使用年限增加而降低。

设备年运行成本是指维持设备运行所发生的费用，它随着设备使用年限的增加而增加。

第二节　设备的改造与更新理论

一、设备改造与更新的意义及方法

设备改造是指把科学技术新成果应用于企业的现有设备，通过对设备进行局部革新、改造，以改善设备性能，提高生产效率和设备的现代化水平，或者说是以结构先进、技术完善、效率高、耗能少的新设备，来代替物质上无法继续使用，或经济上不宜继续使用的陈旧设备。

设备的原型更新是指设备已磨损到不能继续使用的程度时，以相同的设备进行替换；设备的技术改造是指采用先进技术改变现有设备的结构或给旧设备装上自动上下料、自动测精、自动控制等装置，改善现有设备的性能，使之达到或局部达到新设备的水平；设备的技术更新是指以技术上更加先进、经济上更加合理的新设备，更换工艺落后、技术陈旧的老设备。上述设备更新的三种形式都有存在的客观必要和约束条件，因此，它们之间是互相补充的关系。但是，其中以技术改造与技术更新为主要形式。在设备更新过程中，要把设备的更新改造同加强对原有设备的维护修理结合起来。在一般情况下，现有设备是完成生产任务的主力，因此，要加强对现有设备的管理，做好维护修理工作。在设备更新时，要合理地处理老设备。因设备更新而退役的老设备，凡降级转用的，必须符合新用途的工艺要求，不得造成产品质量下降和消耗增加，不宜转用的老设备应当报废。

二、设备改造与更新的形式

设备更新方式，从内容上可分为设备的原型改造与更新和设备的技术改造与更新；从更新的顺序上可分为逐台更新和整批更新。

（一）设备的原型改造与更新

设备的原型更新是指同型号设备的以旧换新。其优点是有利于维修；缺点是没有从根本上提高企业的现代化水平，因此也不可能大幅度地提高企业的经济效益。设备的原型更新是为了满足增加产量或加工要求，对设备的容量、功率、体积和形状的加大或改变。例如，将设备以小拼大，以短接长，多机串联等。改装能够充分利用现有条件，减少新设备的购置，节省投资。

（二）设备的技术改造与更新

设备的技术改造是指把科学技术的新成果应用于企业的现有设备，改变其落后的技术面貌。例如，将旧机床改造为程控、数控机床，或在旧机床上增设精密的检测装置等。技术改造可提高产品质量和生产效率，降低消耗，提高经济效益。

设备的更新是指用性能上先进的设备代替陈旧落后的设备。这种更新可以从根本上提高企业设备的现代化水平，因而可以大幅度地提高企业经济效益，提高产品质量。但这种更新需要资金较多，因此需认真地进行调查研究和可行性分析。

三、设备改造与更新方案的比较原则

设备改造时，必须充分考虑改造的必要性、技术上的可能性和经济上的合理性，具体应注意以下几点：

必须适应生产技术发展的需要，针对设备对产品质量、数量、成本、生产安全、能源消耗和环境保护等方面的影响程度，在能够取得实际效益的前提下，有计划、有重点、有步骤地进行。

必须充分考虑技术上的可能性，即设备值得改造和利用，有改善功率、提高效率的可能。改造要经过大量试验，并严格执行企业审批手续。

必须充分考虑经济上的合理性，改造方案要由专业技术人员进行技术经济分析，并进行可行性研究和论证。设备改造工作一般应与大修理结合进行。

逐年滚动比较是指在确定最佳更新时机时，首先计算比较现有设备的剩余经济寿命和新设备的经济寿命，然后利用逐年滚动的计算方法进行比较。

四、设备结构合理化

设备结构合理化是企业设备改造与更新的重要目标。企业设备结构合理与否，可以从以下三个方面考查。

（一）役龄结构

役龄是指设备在生产中使用的时间。役龄结构是使用不同时间的设备在设备总数中所占的比例。由于技术上的进步，新设备不断出现，这些新设备应有一个合理的比例。企业的设备保持一个合理的役龄结构，是企业生产经营良性循环的基础。

（二）新度结构

新度结构是指设备的新颖程度，它同设备的役龄结构相似。新度结构指标可以反映企业设备的现代化水平和设备更新的快慢。设备新度指标可用下式计算：

设备新度＝设备净值 / 设备原值

（三）技术水平结构

可以从设备的工艺结构和性能结构等方面来考查。不同类型的企业，产品特点不同，所用设备不同，因此对设备结构的要求也不同，设备更新的内容和方式也应有所不同。

五、设备改造与更新的内容

设备更新要与原有设备维修和改造相结合，由于企业资金和能力的限制，设备更新工作只能有计划、有重点地进行。因此，加强设备的维修和改造，仍是企业设备管理的重点，两者应结合进行。设备改造与更新的内容包括以下几个方面。

（一）现代化改装（即设备改造）

它是对由于新技术出现，在经济上不宜继续使用的设备进行局部更新，即对设备的第二种无形磨损的局部补偿。

（二）原型更新

原型更新即简单更新，用结构相同的新设备更换因严重有形磨损而在技术上不宜继续使用的旧设备。这种更换主要解决设备的损坏问题，不具有技术进步的性质。

（三）技术更新

用技术先进的设备去更换技术陈旧的设备。它不仅能恢复原有设备的性能，而且使设备具有更先进的技术水平，具有技术进步的性质。

六、设备更新期的确定因素

设备是否需要更新，不仅要根据设备的新旧程度或使用期限长短，而且更应看其经济效益如何。也就是说，在确定设备是否需更新时，不仅要考虑设备的物质寿命、技术寿命，更要考虑设备的经济寿命，即设备更新期。影响设备经济寿命或更新期的主要因素有以下几个方面。

（一）效能衰退

所谓效能衰退是指现有设备与其全新状态相比较，在运作效率上降低。设备在使用过程中由于物质磨损，致使其效率逐渐减退；与此同时，设备的维持费逐年增加，从而需要对设备进行更新。

（二）技术陈旧

技术陈旧是指由于新技术的出现和应用，产生了新型设备，而现存设备与新型设备相比较而言运作效率低，生产费用高，从而需要对设备进行更新。

（三）资金成本

资金成本是指购置新设备所支出的资金或投资的成本，它的大小对设备的经济运行寿命有一定的影响。

七、设备最佳更新周期的确定标准

所谓设备最佳更新周期，是指根据设备的经济寿命所确定的设备更新周期，也就是说，根据设备的折旧费和使用费之和最低的年限来确定设备的经济寿命，即确定设备的最佳更新周期。这是因为当这两笔费用之和最低时，更新设备最合理。

（一）确定方法

设备折旧费是设备原值减去残值后与使用年限之比。设备使用费包括设备维护保养和修理费、能源消耗费、设备事故停产损失与效率损失费等。设备使用年限与设备的年平均折旧赞成反比例关系：设备使用年限越长，年平均折旧费越少；设备使用年限越短，年平均折旧费越多。设备使用年限与设备的年平均使用费成正比例关系：设备使用年限越长，年平均使用费则越多。

（二）设备最佳更新周期

设备使用年限越短，年平均使用费用则越少。将这两项费用合计起来，一就是年度设备的总费用。总费用最低的年限，就是设备的最佳更新周期。

第三节　设备大修、更新与改造决策

设备大修是为了使设备性能和精度完全恢复额定值，对设备进行全面、彻底的修理。其中，需要对设备所有零部件进行清洗检查，更换或加周主要零部件，调整机械和操作系统，配齐安全装置和必要附件，并且按设备出厂时的性能进行验收。设备的更新是以新的、先进的设备或工艺对现有的、落后的设备或工艺进行替换或改造工作。

设备大修是企业生产管理中的一个重要组成部分’，通过大修应使设备达到或接近设备出厂时的各项技术指标。通过大修可以客观地了解每台设备的状况，排除设备存在的安全隐患和故障，进行设备的技术改造与更新，从而保证生产的正常运行。

一、设备大修的阶段

设备大修分为三个阶段，按时间顺序为准备阶段、大修阶段和验收阶段。不同的阶段有不同的内容，不同的内容对应不同的管理方法。同时，企业对大修费用和大修档案也应该做好相应的管理。

（一）准备阶段

大修前 3 个月左右，设备部门要根据各车间设备的日常运行记录、检修记录、润滑记录，以及操作者提供的机台故障报告确定大修任务并制订大修项目，规定好详细的时间进程安排。对于需要技术改造的项目一般由车间提出并报送设备部门，组织技术力量制订出相应的技术改革方案。所有项目完成后报厂领导审批，确定后整理存档。

大修前两个月左右，确定大修备件计划和大修计划。各车间把设备大修所需的备件计划报送设备部门，设备部门审核后报送公司分管领导，经领导批准后发给财务科，财务科负责的管理人员核准后再转发给供应部门制订计划并根据计划进行采购。这其中有些大型备件的采购会采取招投标的形式。

大修前 1 个月，确定大修对外委托（简称外协）项目。

设备部门要做好项目的投标、招标、签合同、承包方的入场准备等工作。大修前，设备部门还要确定大修所需要的工时、人力、备件的消耗需要以及所需资金预算，并做好相应的记录。

（二）大修阶段

大修阶段是企业大修管理工作中最重要的部分。很多企业每年的检修、维护费用投入不菲，但整体效果不佳，而且检修过程中，人身安全保护和消防意识淡薄，安全隐患频现。要做好大修的管理工作，必须发现在检修过程中突出存在的主要问题。

（三）验收阶段

验收工作贯穿于整个大修过程，验收是保证大修水平的最后防线。验收阶段完成之后，被检修过的所有设备要经过试运行，锅炉等设备还要经过热态试验。整个大修任务结束，还要对大修的检修记录进行整理归档。对于单一设备来说，其完整的检修记录包括大修前的检修记录、维修记录、所用备件记录、预算记录、验收报告及附件（附件包括文件包、验收单、检修日记）等。

二、设备大修的管理

生产设备是企业重要的生产要素和主要资产之一，与质量、工艺、生产、安全、环保一样，构成了整个企业管理，缺一不可。设备大修的成败是决定设备的现行技术价值状态的重要因素，也是企业设备管理的重要组成部分，因此必须保证设备大修的质量，做好大修期间的管理工作，使设备管理工作更好地服务于企业生产。

（一）大修费用管理

设备部门要严格按照企业下达的设备大修费用计划执行，严格控制预算和决算。

对所需外协零配件或材料的计划申报、领用等规定，由设备部门根据合同另行实施。

换下来的旧配件必须上交，由仓库统一保管。

仓库保管要做好备件的购入和领取记录，备件的使用严格按照预算进行，备件的临时购买必须经过设备部门的审核。

做好备件使用情况的信息收集和反馈工作。备件管理和维修人员要通过大修收集备件使用的质量、经济信息，并及时反馈给设备部门，以便改进和提高备件的使用性能。备件采购人员要随时了解备件市场的货源供应情况、供货质量，并反馈给设备部门及时修订备件外购计划。

大修完成后，设备部门要将设备大修费用使用情况报公司财务部、生产部备案。

（二）大修质量的管理

设备大修质量管理就是在设备维修工作中坚持以检修质量为中心的原则，全体维修人员及有关部门积极参与，把专业技术、经营管理。数理统计和思想教育结合起来，建立设备维修的研究、设计、实践、服务等全过程的质量体系，从而有效地利用人力、物力、财力、信息等资源，以最经济的手段维修好生产设备，为生产提供良好的技术装备。

1. 设备大修质量控制管理的内容

维修人员在设备修理前必须了解和熟悉所修设备修理的质量技术标准，应达到的设备精度、性能指标、外观质量及安全环境保护等方面的技术要求。

维修单位或作业班组应按照设备维修工作计划和达到的质量标准，制订出维修工艺技术措施，确定关键质量控制点。

必须加强修理过程的质量控制管理，严格执行设备维修技术规程，对修理所需要的主要零件、基础件、部件的装备精度和质量进行测量鉴定，以保证修理质量检验一次合格。对不符合标准要求的配品备件、紧固件、各种阀门材料，维修人员有权拒绝使用。

维修人员在进行设备修理时，必须按照设备的技术要求，对主要运动副的间隙、尺寸精度进行严格的检验并做好记录。

对影响设备使用的缺陷，修理人员要在检修记录上如实记录，并报告主管技术人员。

2. 设备大修质量的控制措施。

每次设备大修前，厂部要成立设备大修指挥部和质量管理专业组，由厂行政领导或主管设备厂长任组长，各车间设备主任及相关设备工程技术人员参加，各维修部门必须成立相应的质量管理小组，负责实施质量控制与管理工作。

负责设备大修质量的归口管理部门实施对设备大修后的检查、试车和验收工作。

生产技术科负责冶金炉座修理的质量控制与管理工作，实施对冶金炉座大修后的检查、试车和验收工作。

机修车间负责设备修理质量管理记录和过程控制，及设备修理后的试车与调试工作。

维修班组长要坚持跟班检查，指导维修人员实施对设备大修过程的质量控制。

生产、机修车间设备管理及专业技术人员应经常对关键设备的修理跟班检查，指导设备修理工，对关键质量控制点进行控制。

3. 设备修理的验收过程

维修人员在检修过程中的，对设备内部的修理质量和需要修理的零部件，采取边修理、边检查、边验收的办法，对关键质量控制点要同专业技术人员共同检查和验收，从而避免设备组装后，由于质量问题而返工影响整个工程进度。

设备修理工作完工后，修理人员要清理好施工现场，多余备件、螺钉、焊条等材料要及时回收，不得遗留在现场。

设备修理结束后，对需要加润滑油的部位，维修人员要通知设备使用单位进行加油。

修理后的全面验收由设备部门组织使用部门、修理单位人员按设备的验收质量标准进行检查、试车、验收，填写设备大修验收单。

对关键设备要进行试车检查，对存在的问题要组织人员及时整改。

对特种设备的试验与检查要按国家有关规定，由专业机构进行。

4. 设备修理质量考核。设备修理质量实行目标管理考核，设立一定数量的目标管理奖，对完成任务快、质量好的单位与个人进行奖励。

（三）大修档案的管理

设备大修档案的管理是企业设备大修管理的一个重要组成部分，设备大修档案是企业进行设备大修过程中产生的重要资料，历次的大修档案真实地记载了每台设备不同运行时期出现的故障及故障原因、检修部位及检修方法、科用这些资料可以客观地评价每台设备的状况。完善的大修档案既有利于平时对设备的维护保养，又为设备的下次大修和购置新设备提供了参考和依据。

1. 大修档案的组成

大修档案一般有三部分：设备的检修记录，如大修计划书、设备检修记录、验收记录及大修合同、大修预算、大修总结。

技术改造项目的申请书、批准书、设计施工合同及施工记录、竣工图等。

新购设备的开箱资料，如合格证、安装说明书、使用维护说明书、备品配件清单等。

2. 大修档案管理中存在的主要问题

重建设、轻档案的思想普遍存在，影响着大修档案工作的开展。虽然《档案法》已颁布多年，人们的档案意识有所提高，但由于宣传力度不够，加之有些领导和部门对档案管理工作缺乏正确认识，重建设、轻档案的思想仍普遍存在。检修单位只要在工程竣工验收时，质量合格就可顺利拿到验收合格证。至于竣工资料是否移交，是否按时归档，并不重视。

大修档案内容不全，技术改造项目竣工图不准确。对于技术改造项目一般涉及设备的增减和工艺的变更，需要水、电、仪、汽等专业的配合，若不及时修改相关的档案资料和图样，将造成原有资料的失效，给企业造成损失。

书写不规范，字迹不符合要求。根据档案管理的要求，书写需用不易褪色的黑色或蓝黑色墨水，但很多企业的大修档案用圆珠笔书写，个别的还用铅笔。

3. 档案管理方法

做好大修资料归档工作，领导支持是关键。档案部门应进一步加强宣传力度，特别是借助一些典型事例，使企业自上而下认识到大修档案的重要性，力争把大修资料的归档工作列入大修工作的具体议事日程，明确规定大修资料的归档时间，并把各部门大修资料归档工作完成的优劣列为大修奖金发放的一项考核依据。

建立健全文件资料管理制度。企业大修资料形成复杂，贯穿于整个施工过程，如果不及时收集、加强管理，一些材料就会散失。如果没有相应的制度作保证，例如，档案部门应参加的企业活动，像生产分析会、成果鉴定会以及设备开箱验收等都不能正常参加，就会给日后档案收集工作带来很大困难。因此，一方面，要使设备大修档案的收集工作渗透到大修理过程的各个环节中，成为设备大修理计划的制订、实施：竣工、验收、试车等各项活动不可缺少的环节，并把收集工作的起点向前延伸到档案的形成领域；另一方面，完善档案工作的日常积累、检查考核，结合相应考核细则，对主管领导、有关车间及有关技术人员和专兼职档案员的归档情况进行定期检查，并使检查结果与经济责任制（奖金）挂钩。总之，要让企业科技文件资料的收集和管理在组织上、制度上有保证，使企业大修档案收集工作规范化、制度化。

建立健全竣工档案移交保证书制度。设备大修档案管理工作应实行竣工档案移交保证书制度。厂制度规定：凡是在本厂范围内申报的工程项目，建设单位在报建前应与档案部门签订“工程竣工档案移交保证书”，保证书签订回执为办理工程报建必备材料之一；未签订保证书的工程，有关主管部门不予办理施工报建手续；工程竣工档案验收不合格的工程，建设行政主管部门不发验收合格证书。保证书的签订对建设单位、施工单位都具有一定的约束力，它能促使建设单位、施工单位在工程进行的同时，注重并及时收集、管理好工程档案，并在项目竣工后按规定向档案部门移交档案，对促进档案管理工作非常有利。

制订大修档案归档范围。企业中大修档案数量大、内容杂，制订科学、合理的归档范围不仅能为收集工作打下扎实的基础，也关系到整个档案工作的水平和质量。根据设备大修的实际情况，在每次大修工作开始前，明确各兼职档案员负责收集产生的大修资料，并提出要求，如对于设备的各种检修记录，收集应完整、及时。对于大修期间新购进的主要设备，应及时统计，逐一收集开箱资料，适时向档案部门移交，以利于其他工作的开展。

严格图样修改、审批。对于大修项目施工完成后，应由施工单位根据现场实际情况编制竣工资料。其中涉及原有工程项目变更的，技术人员还要对已存档竣工图依规定的编制方法作相应的修改、补充和说明，使之符合现场实际情况。当设计变更时，必须按照有关规定及时修改原底图或补充绘制新图，并相应做好施工现场和库存底图的修改和换版工作，做到图样与施工现场一致。做好设计变更材料与该工程设计技术文件材料的配套管理，使大修档案既反映工程设计活动的历史状况，又反映施工安装过程中变更修改的现实状况，确保大修档案的准确、完整。档案人员应当了解设计变更情况，避免对外提供已作废了的或已修改过的错误图样，从而为以后的生产改造和设备检修提供参考和依据。

4. 档案管理人员的工作

在大修工程前，档案部门要举办由各施工单位参加的“竣工文件编制学习班”，可以邀请有关专家，也可以由档案人员负责讲课，在工程施工过程中，档案人员要深人工地对施工单位竣工文件的编制提供实质性指导，对施工单位上交的文件材料，要逐项、逐页认真审查，耐心修正。同时要根据该项工程进度计划中的网络节点和现场技术管理人员一起对该工程已形成的技术文件逐项、逐页进行审查，主要审查竣工文件是否准确、系统、完整、齐全、规范和标准。

认真履行职责，注重调研，提高管理水平，档案管理部门要积极主动与主管领导、职能部门联系和协调，深入大修项目管理和施工现场，一就形式多样的管理方式、工程质量与大修档案的关系、监理制度对档案工作的影响、档案管理纳入合同管理等问题展开广泛调研，逐步探索出新的、行之有效的档案管理方法，提高档案管理水平，达到科学、规范的要求。

总之，设备的大修档案管理是企业设备管理的重要组成部分，因此必须保证设备大修档案的归档质量，更好地适应并服务于企业生产。

三、设备更新改造

设备更新改造应以满足企业的产品更新换代、提高产品质量、降低产品能耗、物耗，达到设备综合效能最高为目标。设备改造是指把科学技术新成果应用于企业的现有设备，通过对设备进行局部革新、改造，以改善设备性能，据高生产效率和设备的现代化水平。

（一）设备更新改造的意义

设备更新改造是促进科学技术和生产：发展的重要因素。设备是工业生产的物质基础，落后的技术装备限制了科学和生产的高速发展。美国和德国注意发展技术，采用新设备，工业很快超过英国；日本20世纪50年代后工业增长15倍，其原因之一是积极采用先进的技术和装备。

生产设备是科学技术发展的结晶，科学技荣的进步促使生产设备不断改进和提高。随着科学技术的迅速发展，新技术、新材料、新工艺、新设备的不断涌现，沿用陈旧工艺的老设备在产品质量、数量等方面已缺乏竞争能力。因此要依靠更新设备来实现高产、优质、低成本，取得较好的经济效益。

设备更新改造是产品更新换代、提高劳动生产率、获得最佳经济效益的有效途径。设备更新改造，技术水平提高以后，可使生产率和产品质量大幅度提高，并使产品成本和工人劳动强度降低。同时为适应新产品高性能的要求，必须采用高性能的设备。

设备更新改造是扩大再生产，节约能源的根本措施。中国能源有效利用率比先进国家低 20% 左右。设备热效率低、能耗高，更新设备可以显著地节约能源。例如，我国现有工业锅炉近 20 万台，热效率只有 55% 左右，每年耗煤 2 亿 t，占全国煤产量的 1/3。其中 20 世纪 30 年代的兰克夏锅炉就有 6 万台，热效率只有 30%~40%，与工业发达国家采用热效率 70%~80% 的锅炉相比，一年多耗煤 3000 多万 t。如果把煤耗高的这 6 万台兰克夏锅炉加以更新改造，每年就可省煤 400 万 t。可见改变落后的技术装备是提高能源利用率的根本措施。同时，为满足市场日益增长的需要，必须采用更为先进的高效率、大容量、高精度设备，提高产品产量、质量和降低成本。

设备更新改造是做好环境保护及改善劳动条件的主要方法。生产中常见的跑、冒、滴、漏、噪声、排放物等会对环境造成污染，使工人劳动强度加大，劳动条件恶劣。所以这方面的大多数问题可通过改造或更新设备得到解决。

（二）设备更新改造的目的和作用

设备更新和改造是提高企业素质、促进企业技术进步、增强企业内在的发展能力和对外界环境变化的适应能力的需要。通过设备改造更新，必然会为企业产品生产在增加品种、提高质量、增加产量、降低消耗、节约能源、提高效率等方面带来极大的收益。

（三）设备更新改造的项目决策

设备的改造更新应有步骤地进行，既要有长期的总体规划，又要有设备逐年需要进行改造更新的具体项目实施计划。对选定的更新改造项目，必须经过可行性研究，进行技术经济论证，对多种备选方案进行比较，选择投资少、工期短、收效快、效益高、能适应企业长期发展需要的项目。

（四）设备更新改造的程序

1. 编制年度设备更新改造计划。

2. 对重点项目的技术方案进行可行性调查和研究论证。

3. 设备选型。设备选型应考虑以下几点：设备可靠性强，节能性高，设备适宜性强（通用性、灵活性、结构简单、重量轻、体积小），设备便于维修保养，设备耐久性强，设备安全性环境保护性好。

4. 编制实施计划。项目实施计划应包括下列内容：项目编号、项目名称、项目内容、实施方案（包括负责购买的单位）、人员或负责改造的自制单位、现场施工单位、特殊施工方法及所用材料工具；工程进度包括设备进厂时间。改造或自制设备的完成时间、现场实施的具体时间及施工周期；资金预算包括设备费用、施互材料费用、特殊工具费用、运输吊装费用、贷款金额等。

5. 组织施工

技术改造或更新计划完成以后要求分工组织实施。

（1）设备采购或自制阶段。

（2）现场地施工前的准备阶段。

（3）现场地施工阶段。

6. 竣工及验收

项目的竣工及验收。更新改造项目完工，企业应组织好项目的竣工验收，竣工报告一般应包括以下内容：

（1）技术改造内容及主要经验和问题。

（2）实际发生费用情况。

（3）设备自制、购置及改造情况。

（4）主要材料用量。

（5）土建工程情况，工程量及竣工面积。

（6）技术经济效益情况，预计达到设计能力的期限，预计投资回收的期限，投入产出比。

7. 技术改造和更新项目的验证和评价。技术改造完成后，主管部门要组织有关技术人员对完成的项目进行验证和评价。验证和评价的内容如下：验证项目的投资是否在控制之内和投资的合理性；验证项目的经济效益是否达到预期目的；验证项目是否在批复的时间内完成；评价项目实施的有效性；评价项目投资回收的可行性。

8. 办理固定资产的交接验收和技术资料的交接、交付。

（五）设备更新改造计划的编制和审批

1. 更新改造计划的编制要求

投资 5 万元以下的项目，编制内容包括技术改造前的现状分析、技术改造的必要性、改造后达到的目标、改造的主要内容、投资概算、经济效益核算表、实施进度及具体措施。

投资 5 万元以上 100 万元以下的项目要编制更新改造方案。其内容及要求如下：企业基本情况、技术改造的必要性、改造后达到的目标、改造的主要内容、投资概算及资金来源、主要设备一览表、经济效益核算表、实施进度及具体措施。

投资 100 万元以上的项目要编制项目建议书和可行性研究报告。项目建议书的内容要求应按国家或地方有关规定执行，一般应包括以下内容：项目名称、主要技术改造内容、预期的技术经济效果、投资概算及资金来源。

投资 3000 万元（或外汇总额 500 万美元及以上的项目的计划编制及审批程序按国家有关文件执行。

2. 可行性研究报告的内容

项目概要说明，背景材料、投资的必要性和经济意义、可行性研究的依据和范围）；企业现有的基本情况及条件；市场预测；燃料、动力、原材料、协作配套件以及公用设施的适应情况；技术与设备的选定，提出几个可供选择的方案进行论证并估算费用；论证结论并推出最佳方案；环境污染的防治；生产组织与人员培训计划。

3. 技术改造项目的上报审批。技术改造项目要在每年 10 月下旬申报下一年度的立项报告。

（六）设备更新改造的实施要点

设备改造更新工作应严格按照“实施计划书”的内容规定，有计划、有步骤、按进度、按要求地进行。具体实施过程中应注意以下环节：

1. 实行资金的归口管理

企业改造更新项目，一般由生产技术部门或设备管理部门提出，而更新改造资金来源，则由财会部门负责提出和筹集。

2. 抓好物资供应的保障工作

企业的设备改造更新，需要得到物资供应的保障。当更新改造项目计划批准之后，即应按照其所需的材料、配件物资及需要引进的设备型号、规格、要求，组织供应渠道，洽谈订货事宜，保证按时供应。

3. 实行项目责任制，抓好设备改造的过程管理

对确定的每个改造项目，都要有专人全面负责。在设备改造的整个过程中，从图样设计、工艺技术准备、零部件加工和装配等环节均要求作业人员有高度的责任心，要加强对工作的检查，对项目执行情况实行责任考核，并规定必要的奖惩办法。

4. 做好设备引进的相关工作

企业设备更新工作，需要从外部引进性能和精度能满足产品工艺、技术先进、生产效率高的设备来取代已被淘汰的陈旧、落后的设备。

5. 处理好闲置报废设备

对于更新后淘汰的旧设备，应组织有关人员进行技术鉴定，确定不再使用的，必须组织入库处理。

（七）更新改造的范围和重点

1. 影响现有生产工艺线中设备运转率和产量提高的关键设备和薄弱环节。

2. 与主机设备改造相配套的辅助生产设施的改造。

3. 为节约能源、利用余热和低质燃料的更新改造项目及对耗能高的老旧设备的更新改造。

4. 治理“三废”，综合利用原材料的更新改造项昏。

5. 结合技术改造，引进先进技术（软件）和适用的关键设备、检查手段和生产线。

6. 为防止职业病和人身事故，对设备采取的劳动安全保护措施。

（八）设备更新改造的形式

1. 设备的改装

设备的改装是指为了满足增加产量或加工要求，对设备的容量、功率、体积和形状的加大或改变。例如，将设备以小拼大，以短接长，多机串联等。改装能够充分利用现有条件，减少新设备的购置，节省投资。

2. 设备的技术改造

设备的技术改造是指把科学技术的新成果应用于企业的现有设备，改变其落后的技术面貌。例如，将旧机床改造为程控、数控机床，或在旧机床上增设精密的检测装置等。技术改造可提高产品质量和生产效率，降低消耗，提高经济效益。

（九）设备更新改造的有效途径

由于设备的基建投资大小不同，其生产的产品、质量和企业的技术水平、资金状况、经营策略也不相同，需要分析、比较各种方案，确定经济、合理的设备更新方案。设备改造是设备更新的基础，特别是用那些结构更加合理、技术更加先进、生产效益更高、能耗更低的新型设备代替已经陈旧了的设备。但是，实际情况是不可能全部彻底更换这些陈旧设备的。所以采用大修结合改造或以改造为主的更新设备是企业设备更新的有效途径。

（十）设备更新改造的原则

1. 设备更新必须遵循的几条原则如下：有计划、有步骤、有重点进行；克服生产上的薄弱环节，提高综合生产能力；尽可能减轻劳动强度，提高生产率；选择用国家推广应用的新设备；根据客观可能和企业生产发展需要选择用先进设备。

2. 企业在进行设备改造时，必须充分考虑改造的必要性、技术上的可能性和经济上的合理性。具体应注意以下几点：有计划、有步骤、有重点进行；要慎重态度，经过试验并进行技术经济论证，选择最优技术方案；通过改造降低设备能耗，改善操作条件，消除或降低劳动强度，减少对员工的不良影响，如粉尘、噪声等，提高生产能力和质量；设备改造必须适应生产技术发展的需要，针对设备对产品质量、数量、成本、生产安全、能源消耗和环境保护等方面的影响程度，在能够取得实际效益的前提下，有计划、有重点、有步骤地进行；必须充分考虑技术上的可能性，即设备改造和利用价值，有改善功率、提高效率的可能。改造要经过大量试验，并严格执行企业审批手续；必须充分考虑经济上的合理性，改造方案要由专业技术人员进行技术经济分析，并进行可行性研究和论证。设备改造工作一般应与大修结合进行；必须坚持自力更生的方针，充分发动群众，总结经验，借鉴同行业企业的先进技术成果。

第六章　设备安全管理

第一节　设备安全运行管理

现代煤炭生产企业中，机电专业的主要工作就是保证机电设备的安全、可靠运行。没有机电设备的正常运行，就谈不上生产。巷道的掘进需要掘进机，采煤需要采煤机，煤炭、矸石、材料、人员的运输需要运输设备等。总之，煤炭生产从某种意义上说就是保证机电设备的安全、可靠运行。因此，煤矿企业中流行的一句话“抓住机电就是煤”，也说明了机电工作在煤炭生产企业中的重要性。

由于煤矿企业生产条件恶劣，灰尘、淋水、潮湿、顶板垮落、通风不良等众多不利因素都对设备的运行带来严重影响，加之生产区域广，设备种类多、数量大，给设备安全管理带来极大的困难。井下生产环境存在瓦斯、煤尘爆炸的危险，给机电设备特别是电气设备的安全运行管理提出了更高、更严的要求。出于煤炭生产的特殊性，其作业场所在不断变化，使得机电设备的安装地点、运行环境、使用数量和操作维护人员也跟着发生变化，同样给设备的安全运行管理造成困难。这也是煤矿设备管理不同于一般企业的设备管理的突出特点。

正是由于煤矿企业的设备存在这样一些特点，因此要求对煤矿机电设备的安全运行管理要做到比一般企业更严、更细。

一、一般措施

要保证设备安全可靠运行，首先必须建立一套科学、完整、具有可操作性的管理制度和措施，然后去认真执行、督促检查、严格考核，才会取得良好的效果。

保证设备安全运行的制度、措施很多，有针对所有设备管理制定的通用性制度措施，有根据同一台设备或同一台设备在不同使用条件下制定的专项措施。

常用的安全管理制度措施主要有《煤矿安全规程》《设备操作规程》《设备使用维护与保养制度》《防爆电气设备入井管理制度》《停送电制度》《电气试验制度》《电缆管理制度》《压力容器管理制度》和《交接班制度》等。

下面简要介绍常用的一些规程、制度和措施。

（一）煤矿安全规程

《煤矿安全规程》是管理煤炭生产企业的重要法规，是国家煤炭生产安全部门根据《煤炭法》《矿山安全法》和《煤矿安全监察条例》制定的规程。规程中对各种设备的使用、维护和管理均作出了明确的规定和要求，各级各类人员必须严格遵照执行。《煤矿安全规程》从制定以来，煤炭安全生产主管部门根据生产现场的实际情况，随时对《煤矿安全规程》进行修改和完善，版本经过了，次修订，目前最新版本为2007年1月1日起开始执行的2006版。

（二）防爆电气设备入井管理制度

《煤矿安全规程》规定，具有瓦斯、煤尘爆炸危险的矿井，必须使用防爆电气设备。为了将失爆的电气设备阻止在下井前，就需要采取必要的措施。防爆设备入井管理制度要求：无论是新购还是修理后的防爆电气设备，入井前必须经专职防爆检查员检查，合格后方可入井；防爆检查员必须定期对井下防爆电气设备进行检查，发现失爆设备，立即通知责任单位进行处理，并给予相应的经济处罚。

在制度中，必须明确规定防爆检查员的职权范围、工作内容、检查程序。同时也要规定对检查员的失职给予的相应处罚。

（三）停送电制度

停送电工作在煤炭安全生产中是一项极为重要的工作，稍不注意就会造成设备事故甚至人身伤亡事故，因此必须给予高度重视。

停送电制度规定：对设备或线路维护检修需要停电时，必须由施工负责人向机电主管部门提出申请，经同意后办理工作票，经确认可靠停电后方可进行施工。工作完成后由施工负责人将工作票签字后返回变电所（站），经值班人员确认后方可恢复送电。对于无人值守的配电设备，要求坚持“谁停电，谁送电”的原则，严禁不经申请随意停、送电和预约停、送电。

二、预防性安全检查和试验

预防性安全检查和试验是指在特殊时期，对矿井的某些重要设备和系统进行预防性检查和试验，以便发现并及时排除存在的问题和隐患，保证矿井的正常生产及人身和设备的安全。预防性检查主要是指在每年的雷雨季节到来之前进行的“防洪”“防排水”及“防雷电”的“三防”检查，检查的内容很多，就设备而言，主要针对矿井的主要大型设备，如主通风机、主提升机、主排水泵等。预防性试验则主要是针对供电系统。

（一）矿井主要固定设备

矿井所用的设备中，主通风机、主提升机、主排水泵、空气压缩机等固定安装的设备，习惯上称为矿井的“四大件”，它们能否安全正常运行直接影响着矿井的生产安全和人员的生命安全。

1. 主通风机。主通风机为井下提供新鲜风流，输送氧气。矿井的通风系统相当于人的呼吸系统，而主通风机则相当于人的肺，主通风机一旦停机，就会造成瓦斯集聚、供氧不足、井下温度升高而造成矿井停产，甚至发生瓦斯与煤尘爆炸事故。平时必须加强对主通风机的检查和维护保养。在雷雨季节到来之前，要对主通风机及其附属设备、供电系统进行安全性检查。检查的主要内容有：风机是否处于完好状态，电机绝缘是否符合要求；风门开、闭是否灵活可靠；启动控制装置是否正常；各种检测、报警装置是否完好、可靠；反风设施是否完善。如果有必要，需要对风机的主轴进行探伤检查。总之，无论是处于运行的风机还是备用风机及其附属设备，都必须处于完好状态。各种应急设施、材料应确保齐备，在运行风机出现故障时，备用风机必须能够在 10 min 内启动。

2. 主提升机。主提升机在矿井中承担对矸石、材料、设备及人员的运输，如果主提升机因事故停运或损坏，将严重影响矿井生产。《煤矿安全规程》规定，新安装的矿井主要提升装置，必须经验收合格后方可投入使用，投入运行后的设备，必须每年进行 1 次检查，每 3 年进行 1 次测试，认定合格后方可继续使用。

主提升机的预防性检查和试验，包括电气部分和机械部分的预防性检查。电气部分主要检查电源系统、电机起动控制装置、调速装置、励磁装置及各种电气机械保护功能是否正常可靠；用手动方式模拟安全回路中过卷、松绳、间瓦磨损等检测传感器的动作，用仪器调校各电气参数并给出动作信号，以验证安全回路的可靠性；调整并校正提升机加、减速过程的速度和时间设定。机械部分检查试验的主要内容有：防止过卷装置、防止过速装置、深度指示器失效保护装置、闸间隙保护装置等各种保护装置；天轮的垂直和水平程度，有无轮缘变形和轮辐弯曲现象；机械传动装置，调整和自动记录各种装置以及深度指示器的动作状况和精密程度；检查常用闸和保险闸的各部间隙及连接 i，固定情况，并验算其制动力矩和防滑条件；测试保险闸空动时间和制动减速度；对于摩擦轮式提升机，要检验在制动过程中铜丝绳是否打滑，测试盘形闸的贴闸压力，井架的变形、损坏、锈蚀和震动情况；井筒罐道的垂立度及固定情况。

检查和测试结果必须写成报告书，针对发现的缺陷必须提出改进措施，并限期解决。

3. 主排水泵。主排水泵承担排出矿井全部涌水的任务。《煤矿安全规程》规定，主排水泵房必须有工作、备用和检修的水泵。工作水泵的能力应能在 20 h 内排出矿井 24 h 的正常涌水量（包括充填水及其他用水）。备用水泵的能力应不小于工作水泵能力的 70%。工作和备用水泵的总能力应能在 20 h 内排出矿井 24 h 的最大涌水量，检修水泵的能力应不小于工作水泵能力的 25%。

主排水泵的预防性安全检查和试验内容有：水泵供配电系统、水泵、电机、管道、闸阀及各种配套设施的检查和试验。一般来说，每年在雨季到来之前，必须对排水设备、设施进行一次全面检查和检修，保证排水系统处于完好状态。对水仓和吸水井进行清理，同时进行一次联合排水演习，以检验矿井在异常涌水情况下系统的排水能力是否满足要求。排水演习通常采用双泵双管道排水方式，即两台水泵同时运行，由双管道同时排水，如果是多水平开采矿井，无论是独立管道排水还是接力排水，演习时应使几个水平的主排水泵按上述方式均投入运行，以检验水泵、管道的排水能力及供电系统的承载能力和可靠性，同时也检验相关人员在紧急情况时的应变能力。演习中应测试水泵、管道的小时排水量、水泵效率、电动机出力等参数，如果测试结果不符合《煤矿安全规程》要求，应采取措施及时整改。

4. 空气压缩机。空气压缩机也称有压风机。其作用一是为井下风动设备和工具提供动力，二是为井下压风自救器提供新鲜风流。

空气压缩机的预防性安全检查和试验内容有：检查缸体和风包壳体是否有裂纹、锈蚀；校验各安全阀、释压阀动作值，压力表的指示是否准确，安全阀须送压力容器主管部门进行校检（每年不少于 1 次）；检查试验超温、超压、晰水等保护功能是否正常、可靠；清洗进风过滤器及冷却水通道。

空气压缩机的排气温度单缸不得超过，190 ℃。双缸不得超过 160 ℃。安全阀动作压力不得超过额定压力的 1.1 倍。释压阀的释放压力应为空气压缩机最高工作压力的 1.25~1.4 倍。

（二）锅炉和压力容器

矿井使用的压力容器主要有锅炉和空气压缩机的缸体和风包，出于它们在高压下工作，具有爆炸的可能性，因此需要给予重点关注。锅炉属于强制性检测设备，每年必须经锅炉技术管理部门进行检验，检验不合格的锅炉必须立即停止使用。由企业内部对锅炉进行的检查内容主要有：锅炉炉体是否完好，安全阎动作值是否准确，动作是否可靠、灵活，各种温度、压力仪表是否经过校验，指示是否正确，水位计是否清晰，超温、水位报警功能是否灵敏正常。压力安全阀必须经政府技术管理部门检验合格方可使用。

（三）电气设备

供电系统的可靠运行是各种设备可靠运行的保证，．而各种供配电设备的可靠运行对供电系统的可靠运行起着至关重要的作用。因此，除了定期对供配电设备进行检查外，还必须对电气设备和供电线路进行预防性试验，以提前发现供电系统中存在的隐患，将事故消除在萌芽状态。预防性试验一般每年进行 1 次，主要内容包括对架空输电线路的检查、电缆线路的检查和耐压试验、电气设备的检查和各种继电保护定值的整定和校验、设备用绝缘油的化验等。《煤矿安全规程》第四百九十一条规定：电气设备使用的绝缘油的物理、化学性能检测和电气耐压试验，每年应进行1次，但对操作频繁的电气设备使用的绝缘油，应每6个月进行1次耐压试验。

三、井下电气设备安全运行管理

（一）防爆电气设备的管理

井下防爆电气设备管理是煤矿设备安全运行管理的重中之重。井下电气设备出现失爆是造成瓦斯、煤尘爆炸的重要原因，因此，必须严格执行防爆电气设备管理的有关规定，原则上不允许防爆电气设备出现失爆。《煤矿安全规程》第四百五十二条规定：防爆电气设备人井前，应检查其“产品合格证”“防爆合格证”“煤矿矿用产品安全标志”及安全性能；经专职防爆检查员检查合格并签发合格证后，方准入井。第四百八十九条规定：井下防爆电气设备的运行、维护和修理，必须符合防爆性能的各项技术要求。防爆性能遭受破坏的电气设备，必须立即处理或更换，严禁继续使用。

井下防爆电气设备变更额定值使用和进行技术改造时，必须经国家授权的矿用产品质量监督检验部门检验合格后，方可投入运行。未经批准任何人不得改变防爆电气设备内部结构。

（二）供电保护系统的管理

供电保护是保证供电系统安全、可靠运行，保证设备、人身安全的重要措施。电气保护中的过电流、漏电、接地、断相、欠电压、过电压一过负荷等保护均属于供电保护系统的范畴，前三者通常称为煤矿供电系统的“三大保护”。

1.过电流保护的相关规定。《煤矿安全规程》第四百五十五条规定：井下高压电动机、动力变压器的高压控制设备，应具有短路、过负荷、接地和欠电压释放保护。井下由采区变电所、移动变电站或配电点引出的馈电线上，应装设短路、过负荷和漏电保护装置。低压电动机的控制设备，应具备短路、过负荷、单相断线、漏电闭锁保护装置及远程控制装置。第四百五十六条规定：井下配电网路（变压器馈出线路、电动机等）均应装设过电流、短路保护装置。必须用该配电网路的最大三相短路电流校验开关设备的分断能力和动、热稳定性以及电缆的热稳定性。必须正确选择熔断器的熔体。

2. 漏电保护的相关规定

井下低压馈电线上，必须装设检漏保护装置或有选择性地漏电保护装置，保证自动切断漏电的馈电线路。

井下由采区变电所、移动变电站或配电点引出的馈电线上，应装设短路、过负荷和漏电保护装置。每天必须对低压检漏保护装置的运行情况进行 1 次跳闸试验。

井下照明和信号装置，应采用具有短路、过载和漏电保护的照明信号综合保护装置配电。

有人值班的变电所(站)，每天必须检查漏电保护装置的完好性，并做好记录。

定期检查输配电线路的漏电保护装置的完好性，每隔 6 个月或在设备移动时必须检查 1 次漏电保护装置和断路器，每年至少检验、整定 1 次漏电保护装置。

煤电钻必须使用设有检漏、漏电闭锁、短路、过负荷、断相、远距离起动和停止煤电钻功能的综合保护装置。每班使用前，必须对煤电钻综合保护装置进行 1 次跳闸试验。

瓦斯喷出区域、高瓦斯矿井、煤.（岩）与瓦斯（二氧化碳）突出矿井中，掘进工作面的局部通风机应采用三专（专用变压器、专用开关、专用线路）供电;也可采用装有选择性漏电保护装置的供电线路供电，但每天应有专人检查 1 次，保证局部通风机可靠运转。

低瓦斯矿井掘进工作面的局部通风机，可采用装有选择性漏电保护装置的供电线路供电，或与采煤工作面分开供电。

3. 保护接地的相关规定

变电所（站）的输配电线及电气设备上的接地保护装置的设计、安装应符合国家标准的有关规定。

严禁井下配电变压器中性点直接接地，严禁由地面中性点直接接地的变压器或发电机直接向井下供电，高压、低压电气设备必须设保护接地。

地面变电所和井下中央变电所的高压馈电线上，必须装设有选择性的单相接地保护装置；供移动变电站的高压馈电线上，必须装设有选择性的动作与跳闸的单相接地保护装置。

井下不同水平应分别设置主接地极，主接地极应在主、副水仓中各埋设 1 块。主接地极应用耐腐蚀的钢板制成，其面积不得小于 0.75 mm、厚度不得小于 5 mm。

连接主接地极的接地母线，应采用截面积不小于 50 mm^2 的铜线，或截面积不小于 100 mm^2 的镀锌铁线，或厚度不小于 4 mm、截面积不小于 100 mm^2 的扁钢。

除主接地极外，还应设置局部接地极。下列地点应装设局部接地极：采区变电所（包括移动变电站和移动变压器）；装有电气设备的硐室和单独装设的高压电气设备；低压配电点或装有 3 台以上电气设备的地点；无低压配电点的采煤机工作面的运输巷、回风巷、集中运输巷（胶带运输巷），以及由变电所单独供电的掘进工作面，至少应分别设置 1 个局部接地极；连接高压动力电缆的金属连接装置。

所有电气设备的保护接地装置（包括电缆的铠装、铅皮、按地芯线）和局部接地装置，应与主接地极连接成一个总接地网。接地网生侄一保护接地点的接地电阻值不得超过 2 Ω。每一移动式和手持式电气设备至局部接地极之间的保护接地用的电缆芯线和接地连接导线的电阻值，不得超过 1 Ω。

电气设备的接地部分必须用单独的接地线与接地装置相连接，不得将多台电气设备的接地线串联接地。

由地面直接入井的轨道及露天架空引入（出）的管路，必须在井口附近将金属体进行不少于 2 处的良好的集中接地。

电压在 36 V 以上和出于绝缘损坏可能带有危险电压的电气设备的金属外壳、构架，铠装电缆的钢带（或钢丝）、铅皮或屏蔽护套等必须宥保护接地。

电气设备的外壳与接地母线或局部接地板的连接，电缆连接装置两头的铠装、铅皮的连接，应采用截面积不小于 25 mm^2 的铜线一或截面积不小于 50 mm^2 的镀锌铁线，或厚度不小于 4 mm、截面积不小于 50 mm^2 的扁钢。

橡套电缆的接地芯线，除用作监测接地回路外。不得兼作他用。

（三）井下低压电缆运行管理

1. 井下电缆的选用应遵守的规定

电缆敷设地点的水平差应与规定的电缆允许敷设水平差相适应；电缆应带有供保护接地用的足够截面积的导体；严禁采用铝包电缆；必须选用经检验合格的并取得煤矿矿用产品安全标志的阻燃电缆；电缆主线芯的截面积应满足供电线路负荷的要求；固定敷设的低压电缆，应采用 MW 钳装或非钳装电缆或对应电压等级的移动橡套软电缆；非固定敷设的高低压电缆，必须采用符合 MT818 标准的橡套软电缆。移动式和手持式电气设备应使用专用橡套电缆；照明、通信、信号和控制用的电缆，应采用铠装或非铠装通信电缆、橡套电缆或MVV型塑料电缆；低压电缆不应采用铝芯，采区低压电缆严禁采用铝芯。

2. 敷设电缆（与手持式或移动式设备连接的电缆除外）应遵守的规定

电缆必须悬挂；在水平巷道或倾角在30° 以下的井巷中，电缆应用吊钩悬挂。在立井井筒或倾角在 30° 及以上的井巷中，电缆应用夹子、卡箍或其他夹持装置进行敷设。夹持装置应能承受电缆重量，并不得损伤电缆；水平巷道或倾斜井巷中悬挂的电缆应有适当的张弛度，并能在意外受力时自由坠落。其悬控高度应保证电缆在矿车掉道时不受撞击，在电缆坠落时不落在轨道或输送机上；电缆悬挂点间距，在水平巷道或倾斜井巷内不得超过 3 m，在立井井筒内不得超过 6 m；沿钻孔敷设的电缆必须绑紧在钢丝绳上，钻孔必须加装套管；电缆不应悬挂在风管或水管上，不得遭受淋水。电缆上严禁悬挂任何物件。电缆与压风管、供水管在巷道同一侧敷设时，必须敷设在管子上方，并保持 0.3 m 以上的距离。在有瓦斯抽放管路的巷道内，电缆（包括通信、信号电缆）必须与瓦斯抽放管路分挂在巷道两侧。盘圈或盘“8”字形的电缆不得带电，但给采掘机组供电的电缆不受此限制；井筒和巷道内的通信和信号电缆应与电力电缆分挂在井巷的两侧。如果受条件所限，在井筒内，应敷设在距电力电缆 0.3 m 以外的地方；在巷道内，应敷设在距离电力电缆上方 0.1 m 以上的地方；高、低压电力电缆敷设在巷道同一侧时，高、低压电缆之间的距离应大于0.1 m。高压电缆之间、低压电缆之间的距离不得小于50 mm；并下巷道内的电缆，沿线每隔一定距离、拐弯或分支点，以及连接不同直径电缆的接线盒两端、穿墙电缆所穿墙的两边都应设置注有编号、构造、电压和截面积的标志牌；立井井筒中所用的电缆中间不得有接头；因井筒太深需设接头时，应将接头设在中间水平巷道内。运行中因故需要增设接头而又无中间水平巷道可利用时，可在井筒中设置接线盒，接线盒应放置在托架上，不应使接头承力；电缆穿过墙壁部分应用套管保护，并严密封堵管白。

3. 电线的连接应符合的要求

电缆与电气设备的连接，必须用与电气设备性能相符的接线盒。形压线板（卡爪）或线鼻子与电气设备进行连接。

不同型号电缆之间严禁直接连接，必须经过符合要求的接线盒、电缆芯必须使用齿连接器或母线盒进行连接。

同型号电缆之间直接连接时必须遵守下列规定：橡套电缆的修补连接（包括绝缘、护套已损坏的橡套电缆的修补）必须采用阻燃材料进行硫化热补或与热补有同等效能的冷补。在地面热补或冷补后的橡套电缆，必须经浸水耐压试验，合格后方可下井使用。在井下冷补的电缆必须定期升井试验。塑料电缆连接处的机械强度，以及电气、防潮密封、老化等性能，应符合该型矿用电缆的技术标准。

4. 其他规定

照明线必须使用阻燃电缆，电压不得超过127 V；井下不得带电检修、搬迁电气设备、电缆和电线；在总回风巷和专用回风巷中不应敷设电缆。在机械提升的进风的倾斜井巷（不包括输送机上、下山）和使用木支架的立井井筒中敷设电缆时，必须有可靠的安全措施；溜放煤、矸、材料的溜道中严禁敷设电缆。

第二节　设备事故管理

一、矿井机电、运输事故分类

事故的分类方法很多，且各企业根据自身情况及管理的需要、管理制度的严格程度，对事故的划分标准有所不同。《生产安全事故报告和调查处理条例》已经于2007年3月28日国务院第172次常务会议通过，自2007年6月1日起施行。根据煤矿企业生产的特点，矿井机电、运输事故可根据事故发生的对象、事故的影响程度、事故的行为性质和是否造成人员伤亡等情况进行分类。

按事故发生的对象不同，事故可分为机械事故、电气事故和运输事故。机械事故是指煤矿企业使用的各种机械设备，如绞车、水泵。风机、车床、采煤机等设备发生的事故。电气事故是指变配电设备及线路，如高低压断路器、电线电缆、电机及电控等设备所发生的事故，以及发生人员触电的事故。运输事故是指矿井的运输设备造成的事故，包括机车运输事故、绞车运输事故和皮带运输事故。

按事故影响程度及造成经济损失的大小，事故可分为一般事故、较大事故、重大事故和特别重大事故。一般事故是指造成3人以下死亡，或者10人以下重伤，或者1000万元以下直接经济损失的事故。较大事故是指造成3人以上10人以下死亡，或者10人以上50人以下重伤，或者1000万元以上5000万元以下直接经济损失的事故。重大事故是指造成10人以上30人以下死亡，或者50人以上100人以下重伤，或者5000万元以上1亿元以下直接经济损失的事故。特别重大事故是指造成30人以上死亡，或者100人以上重伤（包括急性工业中毒，下同），或者1亿元以上直接经济损失的事故。

按造成设备事故的行为性质，事故可分为责任事故、破坏事故和受累事故。责任事故是指部门或个人在其职权和工作范围内，未尽到应尽的职责，或因“三违”造成的事故。破坏事故是指人员有意识地对设备进行破坏诱导致的事故。受累事故是指因其他原因造成事故后，累及自己造成的事故，如斜井因断绳跑车的运输事故、矿车撞坏电缆造成短路导致变压器损坏的电气事故。

按是否造成人员伤亡，事故可分为机电设备事故与机电设备人员伤亡事故。机电设备事故是指仅造成机电设备的损坏，而无人员伤亡的事故。机电设备人员伤亡事故是指不管有无机电设备的损坏，都造成人员伤亡的事故：人员伤亡事故又分为轻伤、重伤、死亡事故，具体规定在事故预测和分析方法中讨论。

二、事故调查

（一）事故调查的目的和意义

发生机电运输事故后，无论事故大小都应进行事故调查。事故调查的目的和意义：第一是分析事故发生的原因；第二是制订防止类似事故再次发生的措施；第三是为了发现和掌握事故的发生规律，制订科学的劳动保护法规、安全生产规章制度和质量标准；第四是为了对事故相关责任人的处理提供依据；第五是为了增强职工的安全生产意识和遵章守纪的自觉性。不论是一般事故还是重大事故，也不论是伤亡事故还是非伤亡事故，都会给煤矿生产造成不同程度的损失和破坏。尤其是伤亡事故，不但直接影响生产，而且还损害了煤矿的社会形象，伤残职工自己忍受痛苦，国家受到损失；同时也给家庭和亲友带来痛苦和损失，所以必须对事故进行调查。

（二）事故调查分级

特别重大事故由国务院或者国务院授权有关部门组织事故调查组进行调查。重大事故、较大事故、一般事故分别由事故发生地省级人器警墨囊羹区的市级人民政府、县级人民政府负责调查。省级人民政府、设区的市级人民政府可以直接组织事故调查组进行调查，也可以授权或者委托有关部门组织事故滴查组进行调查。

未造成人员伤亡的一般事故，县级人民政府可以委托事故发生单位组织事故调查组进行调查。

三、事故处理

事故处理包括两方面内容：一方面是对事故造成的后果的处理，是指生产现场的恢复、被损坏设备的修复，如设备未能在短时间内修复，需要采取的临时措施；另一方面是对事故责任人员的处理。对责任人的处理主要依据《生产安全事故报告和调查处理条例》第四章事故处理和第五章法律责任进行。事故处理必须严格执行“四不放过”的原则，即事故原因未查明不放过、整改措施未落实不放过、群众职工未受到教育不放过、事故责任人未受到处理不放过。

四、事故预测和分析方法

（一）事故预测

煤炭生产坚持“安全第一，预防为主”的方针。为了减少设备事故，需要对设备使用的环境、设备运行状况、操作人员素质、管理水平等因素进行事先辨识、分析和评价，运用各种科学的分析方法对事故发生的概率进行科学预测，从而制订有效的措施，预事故发生。

1. 事故预测的概念。事故预测，或称安全预测、危险性预测，是对系统未来的安全状况进行预测，预测系统中存在哪些危险及危险的程度，以便对事故进行预报和预防。通过预测，可以发现一台或一类设备发生事故的变化趋势，帮助人们认识客观规律，制订相应的管理制度和技术方案，对事故防患于未然。

预测是从过去和现在已知的情况出发，利用一定的方法或技术去探索或模拟未出现的或复杂的中间过程，推断出未来的结果。

2. 事故预测的原则。单个事故的发生都是随机事件，但又是有规律可循的。对于设备事故的研究，是将其作为一种不断变化的过程来研究的，认为事故的发生是与它的过去和现状紧密相关的，这就有可能经过对事故现状和历史的综合分析，推测它的未来。预测的结论不是来自于主观臆断，而是建立在对事故的科学分析上。因此，只有掌握了事故随机性所遵循的规律，才能对事故进行预测、预报。

认识事故的发展变化规律，利用其必然性是进行科学预测所应遵循的总的原则。具体进行事故预测时，还要遵循以下几项原则：

（1）惯性原则。按照这一原则，认为过去的行为不仅影响现在，而且也影响未来。尽管未来时间内有可能存在某些方面的差异，但从对总系统的安全状态的情况来看，今天是过去的延续，明天则是今天的未来。

（2）类推原则，即把先发展事物的表现形式类推到后发展的事物上去。利用这一原则的首要条件是两事物之间的发展变化有类似性，也可由局部去类推整体。

（3）相关原则。相关性有多种表现形式，其中最重要的是因果关系。在利用这一原则预测之前，首先应确定两事物之间的相关性关系。

（4）概率推断原则。当推断的预测结果能以较大概率出现时，就可以认为这个结果是成立的，可以采纳的。一般情况下，要对可能出现的结果分别给出概率，以决定取舍。

3. 事故预测分析方法。事故预测分为宏观预测和微观预测。前者是预测矿井在一个时期机电事故发生的变化趋势，例如，根据预测前一定时期的事故情况，预测未来两年内事故增加或降低的变化；后者是具体研究一台或一类设备中某种危险能否导致事故、事故的发生概率及其危险程度。

对于宏观预测，主要应用现代数学的方法：如回归预测法、指数平滑预测法、马尔可夫预测法和灰色系统预测法等。

对于微观预测，可以综合应用各种系统安全分析方法，目前较为实用的系统安全分析方法有排列图、事故树分析、事件树分析、安全表检查、控制图分析和鱼刺图分析等。这些方法中，既有定性分析方法，又有定量分析方法，都可以对事故进行分析和预测。

（二）事故类别和影响因素分析

1. 事故类别。从广义的角度，煤炭生产企业中的事故除了机电事故外，还包括顶板事故、瓦斯事故、水害事故、火灾事故等。虽然事故的类型很多，但相互间存在着密不可分的联系。因此，有必要对煤矿企业各种类型的事故做一些了解。

生产事故是指企业生产过程中突然发生的。伤害人体、损坏财物或影响生产正常进行的意外事件。根据生产事故造成的后果，可将其分为未遂事故、设备事故、人身伤亡事故。前两者已在前文叙述，这里主要介绍人身伤亡事故的分类。

（1）按伤害程度分类。人身伤亡事故也称为工伤事故。工伤事故的构成要素有伤害部位、伤害种类和伤害程度。伤害程度分为轻伤、重伤和死亡三类。在《企业职工伤亡事故分类标准》中规定：轻伤是指损失工作日低于105日的失能伤害，重伤指损失工作日等于或大于105日的失能伤害。按照工伤事故的伤害程度，可将其分为轻伤事故、重伤事故和死亡事故。

①轻伤事故。这是指受伤人员只有轻伤的事故。

②重伤事故。这是指受伤人员只有重伤（多人时包括轻伤），但无死亡的事故。

③死亡事故。这是指造成人员死亡（多人的包括重伤、轻伤）的事故。

（2）按事故性质分类。《企业职工伤亡事故分类标准》按照事故的性质，将工伤事故分为物体打击、车辆伤害等二十类，而煤炭企业中，将伤亡事故分为顶板、瓦斯、机电、运输、火药放炮、水害、火灾和其他事故八类。

①顶板事故，是指矿井冒顶、片帮、煤炮、冲击地压、顶板掉矸（煤）造成的伤害。

②瓦斯事故，是指瓦斯（煤尘）爆炸（燃烧）、煤与瓦斯突出、气体窒息（中毒）造成的伤害。

③机电事故，是指触电、机械伤人。

④运输事故，是指运输工具造成的伤害，如车辆挤、撞、压人，斜井跑车、竖井墩罐、刮板输送机和胶带输送机伤人。

⑤火药放炮事故，是指火药、炸药、雷管爆炸，放炮伤人和弄响瞎炮伤人。

⑥水害事故，是指透含水层水、透采空区水、透地蕊水、洪水灌入井下、巷道或工作面积水伤人，以及溶洞泥石流和矿井工业用水汇成的积水伤人。

⑦火灾事故，是指煤矿自然发火或外因造成的火灾，直接伤人或产生有害气体致人中毒伤亡，也包括地面火灾。

⑧其他事故，是指以上七类没有包括的伤亡事故。

2. 事故的影响因素分析。从宏观上讲，煤炭企业中所有事故产生的原因，都可将其分为自然因素（如地震、山崩、台风、海啸等）造成的和非自然因素造成的两大类。前者虽然不是人力所能左右的，但可以借助科学技术提前采取预防措施，将事故的损失降低。矿井中更多的事故是后者，即非自然因素影响造成，所以主要分析后者。非自然因素包括两类，即人的不安全行为和物的不安全状态。造成事故是物质、行为和环境等多种因素共同作用的结果。

具体来说，影响事故发生的因素有以下几项。

（1）人的因素。人的因素包括操作工人、管理人员、事故现场的在场人员和有关人员等，他们的不安全行为是事故的重要致因。

（2）物的因素。物的因素包括原料、燃料、动力、设备、工具等。物的不安全状态是构成事故的物质基础，它构成生产中的事故隐患和危险源，当它满足一定的条件时就会转化为事故。

（3）环境因素。环境因素主要是指自然环境异常和生产环境不良等。不安全的环境是引起事故的物质基础，是事故的直接原因。

（4）管理因素，即管理的缺陷，主要是指技术缺陷以及组织、现场指挥、操作规程、教育培训、人员选用等方面的问题。管理的缺陷是事故的间接原因，是事故的直接原因得以存在的条件。

总之，人的不安全行为、物的不安全状态和环境的恶劣状态都是导致事故发生的直接原因。

（三）人为失误分析

在众多的安全管理理论中，有一种人为失误论的观点认为，一切事故都是出于人的失误造成的。人的失误包括工人操作的失误、管理监督的失误、计划设计的失误和决策的失误等，是由于人“错误地或不适当地响应一个刺激”而产生的错误行为。这种观点可以对煤矿中的放炮事故和部分机电运输事故作出比较圆满的解释。但是，出于没有考虑物的因素和环境因素等对事故的影响，所以对大多数煤矿事故的解释难以令人满意。不可否认，在煤矿发生的事故中，大多数的事故都和人的因素相关，根据各方面的统计，在煤矿发生的事故中有 80% 是由于人为失误造成的，但如果一切都从人的因素去研究，就不能客观、全面地分析系统，忽视其他因素的存在，不能发现存在的其他隐患，如恶劣的作业环境、陈旧的设备、落后的技术等，这将不利于对事故的预防和安全管理水平的提高。

参考文献

[1] 张建江 . 煤矿机电运输安全管理存在的问题与策略 [J/OL]. 机电工程技术 ,2017,(10):162-164(2017-10-19).

[2] 毛生明 . 煤矿机电设备管理与维护探讨 [J]. 机械管理开发 ,2017,32(06):156-157.

[3] 乔二斌 . 浅谈煤矿机电设备维修管理模式 [J]. 机电工程技术 ,2015,44(12):144-146.

[4] 蔡松 , 庄亮 . 浅谈煤矿机电设备的管理与维护 [J]. 科技创新与应用 ,2015,(04):70.

[5] 张玉杰 . 煤矿机电设备的管理及维护措施研究 [J]. 科技创新与应用 ,2015,(02):94.

[6] 杨宏 . 煤矿机电设备管理与维护分析 [J]. 中小企业管理与科技 (上旬刊),2014,(09):34-35.

[7] 尹逊锋 . 煤矿机电设备的管理与维护技术的若干看法 [J]. 电子世界 ,2014,(10):484.

[8] 王罡 . 浅谈煤矿机电设备技术故障及对策 [J]. 中国高新技术企业 ,2013,(34):95-96.

[9] 党小龙 . 煤矿机电设备的管理与维护技术初探 [J]. 科技创新导报 ,2013,(30):51.

[10] 孙保财 . 煤矿机电的管理与维护分析探讨 [J]. 内蒙古煤炭经济 ,2013,(07):60+81.

[11] 李宁 . 浅谈煤矿矿山机电设备的维护及管理 [J]. 河南科技 ,2013,(13):86.

[12] 王鹏飞 . 华亭煤矿机电设备一线管理优化研究 [D]. 西安科技大学 ,2013.

[13] 候德安 . 煤矿机电设备的安全管理与维护问题探讨 [J]. 科技与企业 ,2013,(12):18.

[14] 郝明亮 . 浅析煤矿机电设备的维护保养 [J]. 科技创业家 ,2013,(06):91.

[15] 牛利平 . 煤矿井下机电设备的维护与维修研究 [J]. 科技创新与应用 ,2012,(30):121.

[16] 牛晋峰 . 刍议煤矿机电设备的维护与保养 [J]. 煤 ,2012,21(11):75-76.

[17] 梁志刚 . 浅谈煤矿机电设备的管理与维护措施 [J]. 科技创新导报 ,2012,(04):204.

[18] 程路 , 李东东 . 煤矿机电设备的管理与维护措施 [J]. 科技资讯 ,2011,(06):113.

[19] 贾永军 . 煤矿机电设备维修方式研究 [J]. 今日科苑 ,2010,(08):110.

后　记

经过自己的辛勤努力，《煤矿机电设备管理与维护技术研究》一书终于截稿了。编写这本书的过程，也是自己再学习再提高的过程，通过对自己从事煤矿机电技术及机电管理工作进行认真地回顾总结，使自己对机电管理工作在煤矿安全生产中的重要地位有了更进一步的认识。感觉到，煤矿机电设备的有效管理直接影响到整体煤炭生产工作的安全有序性，“选好、用好、维护好”设备是重中之重。因此，需要对煤矿机电设备进行系统的综合信息管理，也就是对机电设备的“设备选型、安装调试、使用维护保养、更新改造”全方位的进行信息管理，使煤矿机电设备长期处于良好的运行状态和技术状态，从而为煤炭生产的安全、有序、正常进行和煤矿企业生产成本的降低、经济效益的提高提供有力的保障。基于这一考虑，将自己多年的一些工作经验、调研资料、参阅有关专家学者的观点论述汇集成这本集子，只是想送给从事煤矿机电管理的同行们，进而为企业创造更多经济效益，加速煤矿生产企业的正常、稳定、可持续发展。

《煤矿机电设备管理与维护技术研究》一书，在编写过程中得到了有关领导和同事、同行的直接指导与大力支持，并提出了许多宝贵的意见。

在此，向有关领导、同事、同行，向为本书的出版付出辛勤劳动的有关人员表示衷心的感谢！

限于编著者的水平，书中难免有不足之处，恳切希望专家、读者批评指正。

作 者

2017 年 12 月于中国煤都